Aufgaben zur Kinematik und Kinetik

von Dipl. Ing. **Bruno Assmann**

Fachhochschule Frankfurt/Main

Mit 238 Bildern
und 378 Aufgaben mit Lösungen

3. Auflage

R. Oldenbourg Verlag München Wien 1980

Hinweis

Die Kapiteleinteilung entspricht der des Lehrbuches Technische Mechanik, Band 3 vom gleichen Verfasser. Die Zahlenangaben in Klammern hinter den Überschriften geben die dazugehörigen Abschnitte des Lehrbuches an.

CIP-Kurztitelaufnahme der Deutschen Bibliothek

Assmann, Bruno:
Aufgaben zur Kinematik und Kinetik / von Bruno Assmann. — 3. Aufl. — München, Wien : Oldenbourg, 1980.
    Erg. zu: Assmann, Bruno: Technische Mechanik. Bd. 3.
    ISBN 3-486-26503-2

© 1971 R. Oldenbourg, München

© 1980 R. Oldenbourg Verlag GmbH, München

Das Werk ist urheberrechtlich geschützt. Die dadurch begründeten Rechte, insbesondere die der Übersetzung, des Nachdrucks, der Funksendung, der Wiedergabe auf photomechanischem oder ähnlichem Wege sowie der Speicherung und Auswertung in Datenverarbeitungsanlagen, bleiben auch bei nur auszugsweiser Verwertung, vorbehalten. Werden mit schriftlicher Einwilligung des Verlages einzelne Vervielfältigungsstücke für gewerbliche Zwecke hergestellt, ist an den Verlag die nach § 54 Abs. 2 Urh.G. zu zahlende Vergütung zu entrichten, über deren Höhe der Verlag Auskunft gibt.

Gesamtherstellung: R. Oldenbourg, Graph. Betriebe GmbH, München

ISBN 3-486-26503-2

Das Gesamtwerk **Technische Mechanik** umfaßt außer dem vorliegenden Band:

Band 1: Statik

von Dipl. Ing. Bruno Assmann, Frankfurt/M.

1. Einführung
2. Die Resultierende des ebenen Kräftesystems
3. Der Schwerpunkt
4. Die Regeln von Guldin und Pappus
5. Aktions- und Reaktionskräfte; das Freimachen
6. Die Gleichgewichtsbedingungen für das ebene Kräftesystem
7. Der statisch bestimmt gelagerte Balken mit Belastung in einer Ebene
8. Das zweifach aufgehängte Seil mit ebener Einzelbelastung
9. Der ebene, statisch bestimmte Rahmen
10. Das ebene, statisch bestimmte Fachwerk
11. Reibung
12. Das räumliche Kräftesystem

Übungsblätter Statik

1. Resultierende
2. Schwerpunkt
3. Gleichgewicht
4. Balken
5. Seil
6. Rahmen
7. Fachwerk
8. Reibung
9. Kräfte im Raum

Band 2: Festigkeitslehre

von Dipl. Ing. Bruno Assmann, Frankfurt/M.

1. Einführung
2. Grundlagen
3. Zug und Druck
4. Abscheren
5. Biegung
6. Schub
7. Verdrehung
8. Knickung
9. Der ebene Spannungszustand
10. Zusammengesetzte Beanspruchung
11. Versuch einer wirklichkeitsgetreuen Festigkeitsberechnung
12. Die statisch unbestimmten Systeme
13. Verschiedene Anwendungen

Aufgaben zur Festigkeitslehre

von Dipl. Ing. Bruno Assmann, Frankfurt/M.

1. Einführung
2. Grundlagen
3. Zug und Druck
4. Abscheren
5. Biegung
6. Schub
7. Verdrehung
8. Knickung
9. Der ebene Spannungszustand
10. Zusammengesetzte Beanspruchung
11. Die Kerbwirkung
12. Die statisch unbestimmten Systeme
13. Verschiedene Anwendungen
Lösungen

Band 3: Kinematik und Kinetik

von Dipl. Ing. Bruno Assmann, Frankfurt/M.

1. Einführung
Teil A. Kinematik
2. Die geradlinige Bewegung des Punktes
3. Die krummlinige Bewegung des Punktes
4. Die Bewegung des starren Körpers in der Ebene

Teil B. Kinetik
5. Das Dynamische Grundgesetz
6. Impuls und Drall
7. Das Prinzip von d'Alembert
8. Die Energie
9. Mechanische Schwingungen

Inhalt

Vorwort 9

1. Einführung 13

2. Die geradlinige Bewegung des Punktes 16
    Die Bewegung mit konstanter Geschwindigkeit 16
    Die Bewegung mit konstanter Beschleunigung 17
    Die ungleichförmige beschleunigte Bewegung 21

3. Die krummlinige Bewegung des Punktes 28

4. Die Bewegung des starren Körpers in der Ebene 33
    Die Drehung 33
    Der allgemeine Bewegungszustand 37
    Die Relativbewegung 47
    Die Zusammensetzung von Drehungen 50

5./6. Impuls und Drall 52
    Der Impulssatz 52
    Der Satz von der Erhaltung des Impulses 56
    Der zentrische Stoß 58
    Der Impuls des kontinuierlichen Massenstroms 61
    Das Massenträgheitsmoment, das Zentrifugalmoment und der
    Steinersche Satz 64
    Die Drehung um die Hauptachsen 67

Der Satz von der Erhaltung des Dralls 71
Die allgemeine, ebene Bewegung 73
Der exzentrische Stoß 76
Das Kreiselmoment 79

7. Das Prinzip von d'Alembert 80

Der Massenpunkt bei geradliniger Bewegung 80
Der Massenpunkt bei krummliniger Bewegung 82
Die Corioliskraft 84
Die Schiebung des starren Körpers 85
Die Drehung eines starren Körpers um seine Hauptachsen ... 88
Drehung um Achsen, die parallel zu den Hauptachsen liegen .. 89
Die allgemeine Bewegung des starren Körpers 91
Die Drehung um Achsen, die mit den Hauptachsen einen
Winkel bilden 92

8. Die Energie 94

Die Anwendung des Energiesatzes auf den Massenpunkt 94
Die Energie des kontinuierlichen Massenstroms 99
Die Drehung des starren Körpers 100
Die allgemeine Bewegung des starren Körpers 101

9. Mechanische Schwingungen 104

Freie, ungedämpfte Schwingungen 104
Die geschwindigkeitsproportionale gedämpfte Schwingung 111
Die erzwungene Schwingung 112

Lösungen 114

Lösungen Kapitel 2 114
Lösungen Kapitel 3 129
Lösungen Kapitel 4 134
Lösungen Kapitel 5/6 146
Lösungen Kapitel 7 158
Lösungen Kapitel 8 165
Lösungen Kapitel 9 170

Vorwort zur 1. Auflage

Mit dieser Aufgabensammlung schließe ich die Arbeit an der Technischen Mechanik ab. Sie soll den 3. Band (Kinematik und Kinetik) ergänzen und vertiefen. Diese beiden Gesichtspunkte waren für die Auswahl der Aufgaben dominierend.

Grundsätzlich gilt alles auch für dieses Buch, was ich im Vorwort zur Aufgabensammlung Festigkeitslehre geschrieben habe. Für Aufgaben, die mir schwieriger erschienen, habe ich im Lösungsteil zusätzlich Ansatz und Rechengang gebracht.

Aus Gründen der Herstellung war es nicht möglich, durch Verwendung einer unterscheidenden Drucktype (kursiv) die physikalischen Größen zu kennzeichnen. Dem Leser, der bis hierher gefolgt ist, wird es keine Schwierigkeiten bereiten, Größen und Einheiten zu unterscheiden. Wo innerhalb einer Aufgabe Verwechslungen möglich wären, z.B. s (Weg) und s (Sekunde), habe ich mich entschlossen, entgegen den Normen - ihre Unzweckmäßigkeit erkennt man unter anderem hier - für Sekunde sec abzukürzen.

Alle eingehenden Gutachten und kritischen Bemerkungen lese ich mit größtem Interesse und danke im voraus dafür.

Zum Schluß kann ich eine tiefe Befriedigung über den Abschluß der Arbeit und - nach den vielen Zuschriften kann ich das schreiben - auch über das Gelingen nicht verhehlen. Viele Faktoren haben dazu beigetragen. Einer der wichtigsten war die über Jahre stets gleich gute Zusammenarbeit mit dem Verlag. Ihm sei an dieser Stelle Dank dafür gesagt.

Nieder-Erlenbach, Oktober 1970   *B. Assmann*

Vorwort zur 2. Auflage

Die hier vorliegende Auflage wurde auf das SI-System umgestellt und der Neuauflage des Lehrbuches Technische Mechanik 3 angepaßt.

Die eingegangenen Gutachten habe ich ausgewertet, Anregungen und Korrekturen übernommen. Ich bedanke mich bei den Gutachtern.

Nachdem die Arbeit an den Neuauflagen und die damit verbundene Umstellung auf das SI-System für alle Bände abgeschlossen ist, ist es mir ein besonderes Bedürfnis dem Verlag für Mühe, Arbeit und Geduld zu danken.

Frankfurt am Main, Dezember 1975

Vorwort zur 3. Auflage

Nachdem die 2. Auflage auf SI-Einheiten umgestellt und damit einer intensiven Bearbeitung unterzogen wurde, konnte ich mich auf die Korrektur der aufgetauchten Fehler beschränken. Dem Verlag sei auch diesmal für seine Mühe gedankt.

Frankfurt am Main, Dezember 1979

1. Einführung

Der angehende Ingenieur sollte sich möglichst früh das exakte und systematische Arbeiten beim Lösen einer technischen Aufgabe aneignen. Dadurch werden Fehler vermieden und Kontrollen werden viel leichter, auch von anderen Personen durchführbar. Nachfolgend sollen dafür einige Hinweise gegeben werden, die, sinngemäß angewendet, für alle technischen Aufgaben gelten.

Es ist zunächst zweckmäßig, die gegebenen und gesuchten Werte zusammenzustellen. Danach richtet sich die Wahl des günstigsten Lösungsweges (z. B. Impulssatz oder Energiesatz usw.). Nach diesen Überlegungen soll eine dem Lösungsverfahren angepaßte Skizze angefertigt werden. Diese sollte in den Proportionen möglichst genau und genügend groß sein. Kräfte, Momente, Geschwindigkeiten und Beschleunigungen werden möglichst im richtigen Wirkungssinn eingetragen. Die Verwendung mehrerer Farben wird empfohlen. Auf die Bedeutung einer guten Skizze für die Lösung einer Aufgabe wird besonders dringend hingewiesen.

Die verwendeten Gleichungen sollen auf jeden Fall zunächst in allgemeiner Form hingeschrieben werden. Zur besseren Kontrolle wird, ohne Zusammenfassung, jeder einzelne Wert eingesetzt, z. B.

$$v = \sqrt{2g \cdot H + v_o^2}$$
$$= \sqrt{2 \cdot 9{,}81 \cdot 2 \frac{m^2}{s^2} + 5{,}0^2 \frac{m^2}{s^2}}$$
$$v = 8{,}01 \frac{m}{s}.$$

Es sollte, so weit wie möglich, mit allgemeinen Größen gearbeitet werden. Zahlenwerte sollen erst eingesetzt werden, wenn die Ausgangsgleichung nach der gesuchten Größe aufgelöst ist.

Beispiel anstatt   besser

$$v = \sqrt{2g \cdot H}$$ $$v = \sqrt{2g \cdot H},$$

$$20{,}0 = \sqrt{19{,}62 \cdot H}$$ $$H = \frac{v^2}{2g},$$

$$400 = 19{,}62 \, H$$

$$H = \frac{400}{19{,}62}$$ $$H = \frac{20^2}{2 \cdot 9{,}81} \frac{m^2 \cdot s^2}{s^2 \cdot m},$$

$$H = 20{,}4 \, m$$ $$H = 20{,}4 \, m.$$

Bei dem links gezeigten Weg ist bereits in der zweiten Zeile eine Dimensionskontrolle nicht mehr möglich. Diese soll unbedingt vor Einsetzen der Zahlenwerte durchgeführt werden. Es sollte bei der Ausarbeitung der Lösung kein Schritt übersprungen werden, einzelne Schritte sind u. U. durch kurze Bemerkungen zu erläutern.

Werden z. B. komplizierte Bewegungsabläufe durch Gleichungen dargestellt, dann ist es weder zweckmäßig noch üblich, alle Einheiten mitzuschreiben. Die Einheiten müssen aber am besten in Form einer Tabelle sowohl im Ansatz als auch bei Ergebnissen in allgemeiner Form aufgeführt sein.

Beispiel

$$s = 2{,}5\, t^3 - 11{,}0\, t^2 + 5t, \qquad \begin{array}{c|c} s & t \\ \hline m & s \end{array}$$

daraus z. B.

$$v = \frac{ds}{dt} = 7{,}5 \cdot t^2 - 22{,}0\, t + 5 \qquad \begin{array}{c|c} v & t \\ \hline m/s & s \end{array}$$

Die Zahlenrechnung kann durch Anwendung der 10er-Potenzen übersichtlich gehalten werden.

anstatt	besser
$v_R = \sqrt{v_x^2 + v_y^2}$	$v_R = \sqrt{v_x^2 + v_y^2}\,,$
$v_R = \sqrt{200^2 + 300^2}$	$= \sqrt{200^2 + 300^2}\;\frac{m}{s}$
$= \sqrt{40\,000 + 90\,000}$	$= \sqrt{4 \cdot 10^4 + 9 \cdot 10^4}\;\frac{m}{s}$
$= \sqrt{130\,000}$	$= 10^2 \cdot \sqrt{13}\,,$
$v_R = 360\,\frac{m}{s}$	$v_R = 360\,\frac{m}{s}\,.$

Ist aus der Aufgabe der Wirkungssinn nicht eindeutig erkennbar, dann muß bei Geschwindigkeiten, Beschleunigungen, Kräften neben dem Betrag auch die Richtung angegeben werden,

$$v_x = -12{,}5\,\frac{m}{s} \quad (\leftarrow).$$

Für Vektoren senkrecht zur Zeichenebene benutzt man

⊙ aus der Ebene herausragend,

⊕ in die Ebene hineinragend.

Vor allem im Zusammenhang mit dem SI-System ergeben sich einige Fragen der Rechentechnik. Im Prinzip handelt es sich um einfache Umrechnungen, die erfahrungsgemäß jedoch Schwierigkeiten bereiten und oft zu Dezimalstellenfehlern führen. Aus diesem Grunde soll an dieser Stelle etwas dazu ausgeführt werden.

Beispiel
$$\omega^2 = \frac{G \cdot I}{l \cdot J}$$

G Gleitmodul, nach Normen empfohlene Einheiten $MN/m^2 = N/mm^2$
I Flächenträgheitsmoment, lt. Normen in cm^4 gegeben
J Massenträgheitsmoment in kgm^2
l Länge je nach Arbeitsgebiet m, cm, mm

$$G = 8 \cdot 10^4 \, N/mm^2 \qquad J = 10 \, kgm^2$$

$$I = 100 \, cm^4 \qquad l = 1 \, m$$

$$\omega^2 = \frac{8 \cdot 10^4 \, N}{mm^2} \cdot \frac{10^2 \, cm^4}{1 \, m \cdot 10 \, kgm^2}$$

Für unübersichtliche Ausdrücke empfiehlt es sich, die Einheiten zusammenzufassen, wobei N auf die Grundeinheiten zurückgeführt wird.

$$\omega^2 = 8 \cdot 10^5 \, \frac{kgm \, cm^4}{s^2 \, mm^2 \cdot m \cdot kgm^2}$$

Für die weitere Zahlenrechnung muß auf eine gemeinsame Längeneinheit umgerechnet werden. Vorher können kgm gekürzt werden. Es soll hier alles auf cm umgerechnet werden. Im Nenner stehen mm^2, es sollen cm^2 stehen. Man multipliziert deshalb mit mm^2 und dividiert durch cm^2. Das Verhältnis mm^2/cm^2 ist nicht 1, sondern $100 \, mm^2 = 1 \, cm^2$ oder $100 \, mm^2/1 \, cm^2$. Entsprechend verfährt man mit m. Man erhält so

$$\omega^2 = 8 \cdot 10^5 \frac{cm^4}{s^2 \cdot mm^2 \cdot m^2} \cdot \frac{100 \, mm^2}{1 \, cm^2} \cdot \frac{1 \, m^2}{10^4 \, cm^2}$$

$$\omega^2 = 8 \cdot 10^3 \, s^{-1}$$

Bei einer graphischen Lösung soll die Zeichnung wegen der notwendigen Genauigkeit nicht zu klein ausgeführt werden. Die Maßstäbe müssen eindeutig angegeben sein. Die Ergebnisse sollen getrennt herausgeschrieben werden.

Ein Ergebnis muß immer kritisch und mit gesundem Menschenverstand daraufhin untersucht werden, ob es überhaupt technisch möglich ist. Zur Kontrolle sollten nach Möglichkeit die errechneten Werte in noch nicht benutzte Gleichungen eingesetzt werden. Auch ist manchmal eine Kontrolle durch eine andere Lösungsmethode möglich.

Allgemeine Hinweise:

Falls nichts gegenteiliges in den Aufgaben formuliert ist, gilt:
1. Die Längenänderung von Seilen, Bändern usw. ist vernachlässigbar klein,
2. die Seile laufen ohne zu gleiten auf Trommeln bzw. Rollen,
3. die Abrollbewegungen erfolgen ohne Gleitung,
4. Lager, Gelenke usw. arbeiten reibungsfrei.

2. Die geradlinige Bewegung des Punktes

Die Bewegung mit konstanter Geschwindigkeit (2.2)

A 2 - 1   Ein Zug fährt um 15.00 Uhr ab und erreicht nach kurzer Zeit die nachher beibehaltene konstante Geschwindigkeit von 50 km/h. Ein zweiter Zug startet vom gleichen Ort um 15.40 Uhr und fährt mit 80 km/h Durchschnittsgeschwindigkeit.
In welcher Entfernung und nach welcher Zeit wird der erste Zug eingeholt?

A 2 - 2   Der Zug A fährt um 14.30 Uhr vom Ort I mit v = 70 km/h weg, der Zug B fährt vom Ort II um 14.50 Uhr in Richtung Ort I weg und hält eine konstante Geschwindigkeit von v = 60 km/h. Die Orte I und II sind 48 km voneinander entfernt. Zu bestimmen sind Zeitpunkt und Entfernung für die Begegnung beider Züge.

A 2 - 3   Ein PKW fährt auf der Autobahn mit v_A = 100 km/h nach Osten. Auf einer Straßenüberführung, die die Autobahn unter 45° in Richtung Nord-Ost schneidet, fährt zur gleichen Zeit ein PKW mit v_B = 80 km/h nach Nord-Ost. Zur Zeit t = 0 befinden sich beide Wagen übereinander. Zu bestimmen sind:
a) Die Geschwindigkeit mit der sich beide Wagen voneinander wegbewegen und die Richtung in der sich B von A entfernt.
b) Die Gleichung für die Entfernung der beiden Fahrzeuge.
c) Der Abstand der beiden Fahrzeuge nach 10 s.

A 2 - 4 Auf einer 400 m langen Rennbahn fahren 2 Radfahrer mit v_A = 6 m/s und v_B = 4 m/s.
a) A und B starten in gleicher Richtung vom gleichen Punkt aus. Nach welcher Zeit und in welchem Abstand vom Start überrundet Fahrer A den Fahrer B?
b) A und B starten vom gleichen Punkt in entgegengesetzter Richtung. Nach welcher Zeit und in welcher Entfernung vom Start treffen sie sich?

A 2 - 5 Ein Flugzeug mit der Eigengeschwindigkeit v_f fliegt geradlinig von Ort I nach dem Ort II und zurück. Die Entfernung zwischen I und II beträgt s. In allgemeiner Form ist die Flugzeit zu bestimmen für
a) Windstille
b) konstante Windgeschwindigkeit v_w in Richtung I nach II
Die Ergebnisse sind zu diskutieren.

Die Bewegung mit konstanter Beschleunigung (2.3)

A 2 - 6 Von einem 30 m hohen Turm wird ein Stein A mit v_o = 15 m/s nach oben geworfen. Gleichzeitig wird von unten ein Stein mit v_o = 25 m/s senkrecht nach oben geworfen. In welcher Höhe, nach welcher Zeit und mit welcher Relativgeschwindigkeit fliegen beide Steine aneinander vorbei? (Luftwiderstand vernachlässigbar).

A 2 - 7 Stein A wird vom Boden aus mit v_o senkrecht nach oben geworfen. 1 s später wird Stein B von einem 40 m hohen Turm fallen gelassen. Wie groß muß v_o sein, damit beide Steine gleichzeitig auf einer Höhe von h = 20 m sind? (Luftwiderstand vernachlässigbar).

A 2 - 8 Mit welcher Geschwindigkeit muß ein Stein von einem 40 m hohen Turm nach oben geworfen werden, damit er nach 4 s am Fuß des Turmes auftrifft?

A 2 - 9 In dem skizzierten System erreicht der Punkt A bei konstanter Beschleunigung von $v_0 = 3$ m/s ($t = 0$) ausgehend in 5 m die Geschwindigkeit $v = 7$ m/s. Welchen Weg hat die Masse D in $t = 2,0$ s zurückgelegt, wenn die Wegmessung bei $t = 0$ beginnt?

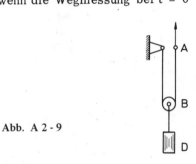

Abb. A 2 - 9

A 2 - 10 Gegeben ist das skizzierte System, das aus den beiden Trommeln A und B und der losen Rolle mit der Masse D besteht. Zunächst ist das System in Ruhe. Zur Zeit $t = 0$ setzt die Drehung der Trommel A im Uhrzeigersinn ein. Das Seil wird mit konstanter Beschleunigung abgewickelt und erreicht nach 4 s eine Geschwindigkeit von 4 m/s. Nach diesen 4 s bleibt diese Geschwindigkeit konstant. Gleichzeitig ($t = 4$ s) setzt die Drehung der Trommel B im Uhrzeigersinn ein. Dabei beträgt die Seilbeschleunigung an der Trommel $a = 2,0$ m/s^2. Dieser Beschleunigungsvorgang dauert 6 s, danach bleibt die Geschwindigkeit konstant. Wo befindet sich die Masse D nach $t = 12$ s und wie ist der Bewegungszustand?

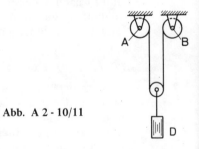

Abb. A 2 - 10/11

A 2 - 11 Im skizzierten System laufen die Trommeln A und B gegenläufig so, daß das die Masse D herabgelassen wird. Welche Bedingung müssen die Seilbeschleunigungen an beiden Trommeln erfüllen, wenn das Seil gespannt bleiben soll?

A 2 - 12 In dem skizzierten System bewegen sich die Punkte A und B von Ruhe ausgehend mit konstanter Beschleunigung nach rechts. A erreicht nach 1 m eine Geschwindigkeit von 2 m/s, B erreicht nach 1,5 s eine Geschwindigkeit von 6 m/s. Zu bestimmen sind Lage und Bewegungszustand von D nach t = 3 s.

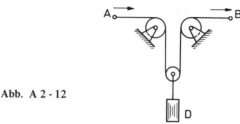

Abb. A 2 - 12

A 2 - 13 Mit einem Testwagen wird eine Meßstrecke einmal mit stehendem, einmal mit fliegendem Start durchfahren. In beiden Fällen wird der Wagen voll ausgefahren, d. h. es wird die gleiche Endgeschwindigkeit erreicht. In Abhängigkeit von der gemessenen Zeitdifferenz Δt beider Läufe und der Endgeschwindigkeit v ist die mittlere Beschleunigung des Wagens zu bestimmen.

A 2 - 14 Zwei PKW fahren hintereinander im Abstand von 20 m mit v = 80 km/h. Der zweite Wagen (A) überholt und fährt nach dem Überholvorgang mit 80 km/h in 20 m Abstand vor dem überholten Wagen (B). Die Wagenlänge von B beträgt 5 m. Während des Überholvorganges wurde die Geschwindigkeitsbegrenzung von v = 100 km/h nicht überschritten, die Beschleunigung betrug 1,5 m/s², die Verzögerung 2,0 m/s². Zu bestimmen sind:
a) die Zeit für den Überholvorgang
b) die während dieser Zeit von A und B zurückgelegten Wege.

A 2 - 15 Zwei PKW A und B fahren im Abstand von 20 m mit 130 km/h auf der Autobahn. Fahrer A erblickt in 100 m Abstand einen quergestellten Lastzug und beginnt nach einer Reaktionszeit - schließt Ansprechzeit der Bremsen ein - von 1 s mit 3,5 m/s² zu bremsen. Fahrer B bremst 0,8 s nach Aufleuchten der Bremslichter von A mit a = 5,5 m/s², d. h. 1,8 s nachdem A das Hindernis gesehen hat, voll durch. Mit welcher Geschwindigkeit fahren A und B auf das Hindernis auf? (Wagenlänge von A vernachlässigen).

A 2 - 16 Zwei PKW A und B fahren beide mit 140 km/h hintereinander auf der Autobahn. Wagen A muß bis zum Stillstand bremsen, wobei die Verzögerung 4,0 m/s² beträgt. Fahrer B bremst mit gleicher Verzögerung nach einer Reaktionszeit von 0,8 s. Wie groß muß der Mindestabstand sein, wenn kein Auffahrunfall entstehen soll? Mit welcher Relativgeschwindigkeit fährt B auf und wie groß ist dabei v_A, wenn der Abstand vor dem Bremsen s = 10; 20 m betrug?

A 2 - 17 Skizziert ist das Schema eines Windwerkes mit den Massen A und B. Die Masse A wird von Ruhe aus beschleunigt abgelassen. Das Windenseil wird dabei mit a = 1 m/s² beschleunigt. Für h = 5,0 m sind zu bestimmen:

a) Zeit bis zum Aufsetzen,
b) Aufsetzgeschwindigkeit,
c) für den Moment vor dem Aufsetzen Relativgeschwindigkeit zwischen A und B.

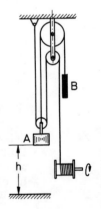

Abb. A 2 - 17/18/19/20

A 2 - 18 Die skizzierte Winde soll die Last A in minimaler Zeit vom Boden auf eine Höhe h = 10 m heben. Das Windenseil wird mit 2 m/s² beschleunigt und mit 3 m/s² gebremst. Zu bestimmen sind:

a) die Zeit t_{min},
b) die erreichte Geschwindigkeit v_{max}.

Die ungleichförmige beschleunigte Bewegung (2.4)

A 2 - 19 Die Masse A an der skizzierten Winde ist zunächst in Ruhe und wird von h = 4 m abgelassen. Dabei nimmt die Seilbeschleunigung von a_o = 1 m/s^2 (t = 0) linear in 3 s auf den Wert Null ab, danach erfolgt die Bewegung mit konstanter Geschwindigkeit. Zu bestimmen sind:
a) die Zeit bis zum Aufsetzen,
b) die Aufsetzgeschwindigkeit.

A 2 - 20 Die Masse A an der skizzierten Winde bewegt sich mit v_o = 4,0 m/s nach unten. In welchem Abstand h vom Aufsetzpunkt muß der Bremsvorgang beginnen, wenn die Verzögerung der Last mit 2,0 m/s^2 einsetzt und in 4,0 s linear auf Null abnimmt? Dabei soll die Last mit v ≈ 0 aufgesetzt werden. Wie lange dauert der Bremsvorgang?

A 2 - 21 Die Beschleunigung eines Punktes nimmt linear von a_o = 3,0 m/s^2 (t = 0) in 4,0 s auf Null ab und ändert sich gleichsinnig weiter (a < 0). Zur Zeit t = 0 beginnt die Wegmessung und nach t = 1 s erreicht der Punkt eine Geschwindigkeit von v = 3,0 m/s. Zu bestimmen sind:
a) s (t); v (t); a (t) mit Diagrammen,
b) wann und in welcher Entfernung vom Ausgangspunkt kommt der Punkt zur Ruhe?
c) nach welcher Zeit und mit welcher Geschwindigkeit passiert der Punkt wieder den Ausgangspunkt?

A 2 - 22 Die Beschleunigung eines Punktes nimmt von Null (t = 0) linear in 6,0 s auf 4,0 m/s^2 zu und bleibt dann konstant. Zur Zeit t = 0 beträgt die Geschwindigkeit v_o = 8,0 m/s und der zurückgelegte Weg ist s_o = 0. Zu bestimmen sind:
a) s (t); v (t); a (t) für die Zeitbereiche 0 - 6 s und 6 - 10 s,
b) Lage und Bewegungszustand nach t = 10,0 s.

2. Die geradlinige Bewegung des Punktes

A 2 - 23 Bei einsetzender Zeitmessung beginnt die Bewegung eines Punktes, wobei die Beschleunigung von Null ausgehend, der Zeit proportional ist. Nach 3,0 s ist ein Weg von 21 m zurückgelegt. Zu bestimmen sind:
a) s (t); v (t); a (t),
b) die Lage und der Bewegungszustand des Punktes nach t = 2 s.

A 2 - 24 Ein Punkt bewegt sich beschleunigt, wobei die Beschleunigung proportional zur Zeit t ist. Bei Beginn der Zeitzählung befindet sich der Punkt auf der negativen Seite in 5,0 m Entfernung vom Nullpunkt und bewegt sich mit v_o = 8,0 m/s auf diesen zu. Nach 2,0 s hat der Punkt eine Geschwindigkeit von 16,0 m/s erreicht, wobei er gerade den Nullpunkt passiert. Zu bestimmen sind:
a) s (t); v (t); a (t),
b) die Lage und der Bewegungszustand des Punktes nach t = 3,0s.

A 2 - 25 Es soll der Anfahrvorgang eines PKW näherungsweise in Bewegungsgleichungen erfaßt werden. Die Beschleunigung sinkt in Abhängigkeit von der Zeit vom Wert a_o = 4,0 m/s². Diese Abnahme erfolgt etwa proportional $\sqrt{t}$. Der Wagen erreicht nach t = 12,0 s eine Geschwindigkeit von 100 km/h. Zu bestimmen sind die Gleichungen s (t); v (t); a (t).

A 2 - 26 Für einen Bewegungsablauf ist folgende Beschleunigungszeit-Kurve gegeben:

t = 0 - 3 s lineare Zunahme von 0 bis 3 m/s²
    3 - 7 s a = konst = 4 m/s² unstetige Übergänge
    7 - 15 s lineare Abnahme von 3 m/s² bis - 5 m/s²
   15 - 20 s lineare Zunahme von - 5 m/s² bis 0
Zu zeichnen ist das v-t-Diagramm für v_o = 0.

A 2 - 27 Für einen Bewegungsablauf ist folgende Geschwindigkeitszeit-Kurve gegeben:

t = 0 - 2 s lineare Zunahme von 0 bis 4 m/s
    2 - 6 s lineare Zunahme von 4 bis 6 m/s
    6 - 10 s lineare Abnahme von 6 bis - 6 m/s
   10 - 13 s v = konst = - 6 m/s
   13 - 15 s lineare Zunahme von - 6 m/s bis 0
Zu zeichnen sind das s-t- und a-t-Diagramm für s_o = 0.

Die ungleichförmige beschleunigte Bewegung

A 2 - 28 Die Bewegung eines Punktes ist durch die gegebene v-t-Kurve beschrieben. Die Wegmessung beginnt bei t = 0. Zu bestimmen sind:
a) s (t); v (t); a (t),
b) Lage des Umkehrpunktes und der Zeitpunkt in dem der Punkt seine Bewegungsrichtung ändert.

Abb. A 2 - 28

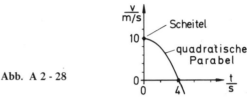

A 2 - 29 Die Bewegung eines Punktes ist durch folgende Gleichung gegeben:

$$s = \frac{1}{3} t^3 - 4 t^2 + 15 t - 10 \qquad \frac{s \mid t}{m \mid sec}$$

a) v (t); a (t),
b) Lage und Zeitpunkt der Richtungsumkehr der Bewegung.

A 2 - 30 In dem skizzierten System wird die Rolle A vom Punkt 0 ausgehend mit a_x = konst. bewegt (t = 0; v_0 = 0; x = 0). Die Seillänge L beträgt 2 h. Zu bestimmen sind:
a) in allgemeiner Form die Bewegungsgleichungen der Last y (t); v_y (t); a_y (t),
b) für h = 4,0 m, Seillänge L = 8 m und a_x = 1,0 m/s^2 ist die Zeit zu berechnen, die notwendig ist, um die Last 3,0 m zu heben.

Abb. 2 - 30/31

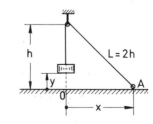

2. Die geradlinige Bewegung des Punktes

A 2-31 Für das skizzierte System sind folgende Werte gegeben:
$h = 4,0$ m; $L = 8,0$ m; $x = 3,0$ m. In dieser Lage bewegt sich die Rolle A mit $v_x = 2$ m/s und $a_x = 1,5$ m/s² nach rechts. Zu bestimmen sind: Lage und Bewegungszustand der Last.

A 2-32 Bei der Bewegung eines Punktes nimmt die Geschwindigkeit von $v_o = 3,0$ m/s (t=0) linear mit dem Weg zu und erreicht nach 100 m den Wert $v = 7,0$ m/s. Zu bestimmen sind:
a) s (t); v (t); a (t),
b) Lage und Bewegungszustand nach 10 s,
c) Zeit für 100 m.

A 2-33 Bei der Bewegung eines Punktes nimmt die Geschwindigkeit von $v_o = 2,0$ m/s (t = 0) linear mit dem Weg ab und erreicht den Wert $v_o = 0$ nach 1,5 m. Ein solches Bewegungsgesetz gilt für einen ölgefüllten Stoßdämpfer der einen mit v_o geführten Stoß aufnimmt und auf den Weg s abbremst (vergleiche A 2-34). Zu bestimmen sind:
a) s (t); v (t); a (t),
b) Anfangsverzögerung,
c) Zeit für s = 1,5 m,
d) Zeit für 99% der Strecke von 1,5 m.

A 2-34 Ein Ölstoßdämpfer verzögert proportional zur Geschwindigkeit $a = -k \cdot v$
In allgemeiner Form sind die Funktionen s(t); v(t); v(s) aufzustellen und zu skizzieren.

A 2-35 Ein Punkt befindet sich am Nullpunkt zunächst in Ruhe. Die mit $a_o = 3,0$ m/s² einsetzende Beschleunigung (t = 0) nimmt linear mit dem Weg ab und erreicht nach 60 m den Wert 0, ändert sich darüber hinaus jedoch gleichsinnig weiter (a < 0). Zu bestimmen sind:
a) die Funktion v (s),
b) die maximale Geschwindigkeit,
c) nach welcher Strecke kommt der Punkt zur Ruhe?

Die ungleichförmige beschleunigte Bewegung 25

A 2 - 36 Es ist die Gleichung für den Bewegungsablauf eines Punktes aufzustellen, wobei die Beschleunigung proportional zum zurückgelegten Weg sein soll, jedoch sollen beide jeweils von umgekehrten Vorzeichen sein. Dieses Gesetz gilt für eine harmonische Schwingung (s. Kap. 9). Bei $s = 5,0$ cm ist $a = -6$ m/s^2. Zu bestimmen sind die Funktionen $a(s)$; $v(s)$; $s(t)$.

A 2 - 37 Für einen Bewegungsablauf sind Beschleunigung und Geschwindigkeit umgekehrt proportional. Nach einer Zeit von 25 s erreicht der Punkt eine Geschwindigkeit von $v = 40$ m/s, wobei bei Beginn der Zeitzählung $s = 0$ und $v_0 = 10$ m/s sind. Zu bestimmen sind die Funktionen $s(t)$; $v(t)$; $a(t)$; $v(s)$.

A 2 - 38 Mit einem Testwagen wird ein Beschleunigungsversuch durchgeführt, wobei in Abhängigkeit von der Zeit das geeichte Tachometer abgelesen wird. Es ergeben sich folgende zugeordnete Werte:
v = 0   30   60   80   100   110   120   130 km/h
t = 0   2,7   5,9   8,8   12,0   14,0   16,2   18,8 s
Zu zeichnen sind die Diagramme $s(t)$; $a(t)$; $a(s)$ für $s_0 = 0$.

A 2 - 39 Die Bewegung eines Punktes ist durch folgende Abhängigkeit gegeben:
s = 0   50   100   150   200   300   400   500 m
v = 0   9,7   15,8   19,4   21,7   25,0   26,7   27,4 m/s

s = 600   700   800   900   950   1000   1050   1100 m
v = 27,3   26,3   24,8   21,9   19,3   15,3   9,9   0   m/s

Zu zeichnen sind die Diagramme $s(t)$; $v(t)$; $a(t)$ für $s_0 = 0$.

A 2 - 40 Die Bewegung eines Punktes ist durch folgende Abhängigkeit gegeben:
s =   0   2   4   6   8   10   m
a = 0,500   0,458   0,387   0,288   0,161   0   m/s^2
Zu zeichnen sind die Diagramme $v(s)$; $s(t)$; $a(t)$ für $s_0 = 0$; $v_0 = 2,0$ m/s.

A 2 - 41 Die Bewegung eines Punktes ist durch folgende Abhängigkeit gegeben:
v =   0   2   4   6   8   10   12   m/s
a = 6,00 5,80 5,24 4,35 3,20 1,71   0   m/s^2
Zu zeichnen sind die Diagramme s (t); v (t); a (t); für die ersten 10 s und v (s); a (s) (s_o = 0; v_o = 0).

A 2 - 42 Die Bewegung eines Punktes beginnt bei s_o = 10,0 m mit v_o = 2,5 m/s. Die Beschleunigung ändert sich folgendermaßen:
t = 0 - 3 s lineare Zunahme von 0 bis 3,0 m/s^2
    3 - 6 s lineare Zunahme von 3,0 m/s^2 bis 4,0 m/s^2
    6 - 8 s lineare Abnahme von 4,0 m/s^2 bis 0.
Das s-t-Diagramm ist mit Hilfe der Seileckkonstruktion zu ermitteln.

A 2 - 43 Die Beschleunigung eines Anfahrvorganges erfolgt nach folgendem Zeitplan:
t = 0 - 2 s lineare Zunahme von 0 bis 2 m/s^2
    2 - 6 s lineare Zunahme von 2 m/s^2 bis 3 m/s^2
    6 - 8 s lineare Abnahme von 3 m/s^2 bis 0.
Der Verzögerungsvorgang, der nach dem obigen Anfahrvorgang zum Stillstand führen soll, soll folgende Charakteristik haben (neue Zeitzählung):
t = 0 - 2 s lineare Zunahme von 0 bis a_{max}
    2 - 7 s a_{max}
    7 - 10 s lineare Abnahme auf 0
Zu bestimmen ist die maximale Verzögerung a_{max}.

A 2 - 44 Die Anfahr- und Bremsautomatik eines U-Bahnzuges soll eingestellt werden. Ein ruckfreies Fahren erfordert eine möglichst stetige Änderung der Beschleunigung während des Anfahr- bzw. Bremsvorganges. Es wird folgender Zeitplan festgelegt (alle Änderungen erfolgen linear):
t = 0 - 3 s Zunahme von 0 bis 2 m/s^2
     3 - 8 s a = konst = 2 m/s^2
     8 - 12 s Abnahme von 2 m/s^2 bis 0
    12 - 72 s a = 0
    72 - 74 s Zunahme der Verzögerung von 0 bis 2,27 m/s^2
    74 - 79 s a = konst = - 2,27 m/s^2
    79 - 82 s Abnahme der Verzögerung von 2,27 m/s^2 bis 0.

Zu bestimmen sind:
a) die maximale Fahrgeschwindigkeit,
b) der zurückgelegte Weg,
c) es ist zu kontrollieren, ob der Wagen nach Ablauf des Programms zum Stillstand kommt.

A 2 - 45 Welche minimale Fahrstrecke ist mit dem Anfahr- und Bremsprogramm von A 2-44 realisierbar?

3. Die krummlinige Bewegung des Punktes

A 3-1 Ein Stein wird mit einer Anfangsgeschwindigkeit von $v_0 = 10$ m/s geworfen. Welcher Wurfwinkel muß eingehalten werden, damit der Stein ein Objekt trifft, das in 8 m Entfernung auf Höhe der Abwurfstelle liegt? (Luftwiderstand vernachlässigbar).

A 3-2 Ein geworfener Stein soll die in der Skizze vermaßte Kante treffen. Mit welcher Anfangsgeschwindigkeit muß er geworfen werden, wenn der Wurfwinkel 70° beträgt?

Abb. A 3-2

A 3-3 Ein Stein wird schräg nach oben unter einem Winkel von $\delta = 40°$ zur Horizontalen von einem $h = 40$ m hohen Turm geworfen. Der Stein trifft nach 4,0 s auf dem Boden auf. Mit welcher Anfangsgeschwindigkeit wurde er geworfen? In welcher Entfernung vom Fußpunkt trifft er auf?

A 3-4 Ein Stein wird schräg nach oben von einem $h = 40$ m hohen Turm mit einer Anfangsgeschwindigkeit von $v_0 = 15$ m/s geworfen. Wie groß muß der Abwurfwinkel sein, damit er 4,0 s nach Abwurf auf dem Boden auftrifft? In welcher Entfernung vom Fußpunkt und mit welcher Geschwindigkeit trifft er auf?

A 3 - 5 Auf der im Koordinatensystem skizzierten Geraden bewegt sich ein Punkt vom Ursprungspunkt (t = 0) mit der Anfangsgeschwindigkeit v_0 = 3 m/s und der konstanten Beschleunigung a = 2 m/s². Zu bestimmen sind die Funktionen: y (t); x (t); v_y (t); v_y (y); v_x (t); v_x (x).

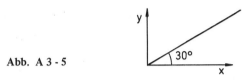

Abb. A 3 - 5

A 3 - 6 Ein Punkt bewegt sich mit konstanter Geschwindigkeit v_0 auf einer Kreisbahn mit dem Radius r entgegengesetzt dem Uhrzeigersinn. Aufzustellen sind die Gleichungen für die Komponenten der Geschwindigkeit und Beschleunigung in x- und y-Richtung für ein Koordinatensystem, das im Zentrum des Kreises liegt.

A 3 - 7 Skizziert ist eine Kreuzschleife. Der Bolzen B läuft mit konstanter Geschwindigkeit v in angegebener Richtung. In Abhängigkeit von φ sind folgende Größen anzugeben: Geschwindigkeit der Schleife v_x, die Geschwindigkeit v_y, mit der der Bolzen im Schlitz gleitet und die dazu gehörigen Beschleunigungen a_x und a_y.

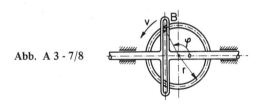

Abb. A 3 - 7/8

A 3 - 8 Die abgebildete Kreuzschleife wird nach links mit konstanter Geschwindigkeit v_x verschoben. Zu bestimmen sind in allgemeiner Form in Abhängigkeit vom Winkel φ die Bolzengeschwindigkeit v, die Geschwindigkeit v_y, mit der der Bolzen im Schlitz gleitet und die entsprechende Beschleunigung a_y.

3. Die krummlinige Bewegung des Punktes

A 3 - 9 Ein Punkt bewegt sich auf einer Ellipsenbahn. Die Bewegungsgleichung ist in Parameterform gegeben:
$x = 10 \sin 5 \cdot t$
$y = 8 \cos 5 \cdot t$

x	y	t
m	m	s

Zu bestimmen sind Lage und Bewegungszustand nach $t = 1$ s.

A 3 - 10 Ein Punkt bewegt sich auf der skizzierten Parabelbahn mit konstanter Bahngeschwindigkeit $v = 2$ m/s.
Zu bestimmen sind die Funktionen $v_x(x)$; $v_y(y)$; $a_x(x)$; $a_y(y)$. Es ist z. B. für den Punkt $x = 1$ zu beweisen, daß der Beschleunigungsvektor senkrecht auf der Bahn steht ($a_t = 0$).

Abb. A 3 - 10/11

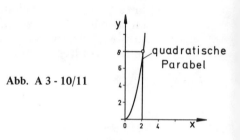

A 3 - 11 Ein Punkt bewegt sich auf der skizzierten Parabelbahn so, daß die Geschwindigkeitskomponente in x-Richtung v_x = konst = 4,0 m/s beträgt. Zu bestimmen sind die Funktionen:
$y(t)$; $v_y(t)$; $v_y(y)$; $v(x)$ (Bahngeschwindigkeit)
$v(t)$; $a(x)$ (Bahnbeschleunigung); $a_y(t)$.
Randbedingung $t = 0$; $x = 0$.

A 3 - 12 ✓ Ein Außenpunkt einer auf der Ebene mit konstanter Geschwindigkeit abrollenden Kreisscheibe beschreibt eine Zykloide, deren Gleichung in Abhängigkeit vom Scheibenradius r und der Winkelgeschwindigkeit ω in Parameterform
$x = r(\omega \cdot t - \sin \omega \cdot t)$
$y = r(1 - \cos \omega \cdot t)$
ist (dies beweise der Leser).
Zu bestimmen sind für diesen Punkt in allgemeiner Form die Geschwindigkeiten v_x; v_y und die Beschleunigung a_x; a_y.

3. Die krummlinige Bewegung des Punktes

A 3 - 13 ✓ Die Bewegung eines Punktes ist durch folgende Gleichungen gegeben:

$\dot r$ = konst = 0,3
ω = konst = 5

ω	$\dot r$
s^{-1}	m/s

Zu bestimmen sind die Lage und die Beschleunigungen a_r; a_φ; a_{cor} nach t = 2 s. Dabei soll die Bewegung bei t = 0 von r = 0; φ = 0 ausgehen. Wie kann man sich die oben beschriebene Bewegung entstanden denken?

A 3 - 14 ✓ Die Bewegung eines Punktes ist durch folgende Gleichung gegeben:

$\dot r$ = 0,2 t
$\dot\varphi$ = - 0,4 t + 10

$\dot r$	$\dot\varphi$
m/s	s^{-1}

Die Bewegung soll bei t = 0 von r = 0 und φ = 0 ausgehen. In allgemeiner Form sind die Gleichungen für a_φ, a_r und a_{cor} aufzustellen. Wie kann man sich die oben beschriebene Bewegung entstanden denken?

A 3 - 15 Eine gedämpfte Schwingung (s. Abschnitt 9.2) ist durch folgende Gleichung gegeben:

$y = \dfrac{1}{20} e^{-0,2t} \cdot \cos 2 t$

t	y
s	m

Abzuleiten sind die Gleichungen für v_y und a_y.

A 3 - 16 Satelliten beschreiben elliptische Bahnen. Dabei befindet sich der Massenschwerpunkt des umlaufenen Körpers im Brennpunkt der Ellipse. Die Ellipsengleichung in Polarkoordinaten lautet (s. Skizze):

$r = \dfrac{b^2}{a + e\cos\varphi}$

Der Koordinatenursprungspunkt ist dabei ein Brennpunkt. Aus dem Keplerschen Flächensatz (Fahrstrahl überstreicht in gleichen Zeitabschnitten gleiche Flächen) ist a_φ = 0 zu beweisen (keine Kraft in Umfangsrichtung). In Abhängigkeit von den Halbachsen a und b ist eine Gleichung für die Umlaufzeit abzuleiten. Eine Beziehung für die zum Brennpunkt gerichtete Beschleunigung a_r ist als Funktion von a, b, r Aufzustellen.

Abb. A 3 - 16

3. Die krummlinige Bewegung des Punktes

A 3 - 17 Ein Punkt bewegt sich auf einer Kreisbahn ($r = 5,0$ m) von $\varphi = 0$ ausgehend im mathematisch positiven Umlaufsinn. Zur Zeit $t = 0$ beträgt die Geschwindigkeit $v_o = 0,5$ m/s. Die Tangentialbeschleunigung ist konstant $a_t = 1,0$ m/s². Zu bestimmen sind Lage und Bewegungszustand nach $t = 3,0$ s.

A 3 - 18 Ein Wagen fährt in eine Kreisbahn $r = 100$ m mit $v = 36$ km/h und beschleunigt mit $a_t = 1,0$ m/s². Wie groß ist die Gesamtbeschleunigung nachdem der Wagen einen Viertelkreisbogen durchfahren hat?

A 3 - 19 Ein Wagen fährt mit 40 km/h in eine Kurve $r = 100$ m und beschleunigt mit a = konst innerhalb des Viertelkreisbogens auf 70 km/h. Zu skizzieren ist der Wagen mit den Beschleunigungsvektoren am Ende der Kurve. Die Größe der Beschleunigungen ist einzutragen.

A 3 - 20 Ein Wagen fährt in eine Kurve $r = 160$ m mit $v = 80$ km/h ein und bremst auf einem Weg von 70 m auf 40 km/h ab. Wann unterliegt der Wagen der größten Beschleunigung? Zu skizzieren ist der Wagen mit den Beschleunigungsvektoren unmittelbar vor dem Bremsen beim Einsetzen der Bremsung und am Ende der Bremsung. Der Bremsvorgang erfolgt mit a = konst.

A 3 - 21 Ein Zug fährt mit 100 km/h in einer Kurve mit dem Radius von $r = 1000$ m. Die Gesamtbeschleunigung soll kleiner als $0,10$ g sein. Mit welcher maximalen Verzögerung dürfen die Bremsen einsetzen?

A 3 - 22 Ein Punkt bewegt sich auf einer krummlinigen Bahn. An einer Stelle, wo die Steigung der Bahn $\tan \delta = 0,4$ beträgt (Kartesisches Koordinatensystem), hat der Punkt eine Geschwindigkeit von $v = 10$ m/s und die Beschleunigung $a_x = 2,0$ m/s²; $a_y = 4,0$ m/s². Zu bestimmen sind:
a) die Beschleunigungen a_t; a_n,
b) die Krümmung der Bahn,
c) Eine Skizze mit eingezeichneter Bahn und den Beschleunigungsvektoren ist anzufertigen.

4. Die Bewegung des starren Körpers in der Ebene

Die Drehung (4.2)

A 4-1 Eine rotierende Scheibe von 1,20 m Durchmesser wird in 12 s von einer Drehzahl von 3200 min^{-1} auf eine Drehzahl von 800 min^{-1} mit konstanter Verzögerung abgebremst. Zu bestimmen sind:
a) die mittlere Winkelverzögerung,
b) die Beschleunigungen a_t; a_n im letzten Moment der Verzögerung für einen Punkt am Rande der Scheibe,
c) die Anzahl der Umdrehungen für den Bremsvorgang,
d) die Drehzahl nach einer Bremsdauer von 4 s und 8 s.

A 4-2 Die skizzierte Kreisscheibe (r = 1,0 m) rotiert im Uhrzeigersinn. Der Punkt A unterliegt den Beschleunigungen a_x = -20 m/s² (←) und a_y = +10 m/s² (↑). Zu bestimmen sind Winkelgeschwindigkeit und Beschleunigung der Scheibe.

Abb. A 4-2
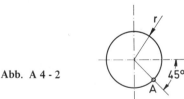

A 4-3 Auf einer horizontalen, drehbar gelagerten Scheibe liegt im Abstand r = 0,50 m vom Drehpol ein Gegenstand, der bei a = 4,0 m/s² zu gleiten beginnt. Die Scheibe wird mit konstanter Beschleunigung α = 1 s^{-2} von Ruhe aus in Drehung versetzt. Nach welcher Zeit beginnt der Gegenstand zu gleiten?

A 4 - 4 Skizziert ist das Prinzip eines Windwerkes. Die Last läuft mit v = 3,0 m/s nach oben. Nach einsetzender Bremsung kommt das Rad D nach 12 Umdrehungen zum Stillstand, wobei die Verzögerung konstant angenommen wird. Zu bestimmen sind für $r_A = 0{,}20$ m; $r_A/r_B = 1/4$; $r_B/r_D = 6$
a) der während des Bremsvorganges zurückgelegte Weg der Last,
b) die Verzögerung der Last,
c) die Winkelverzögerung für beide Radblöcke.

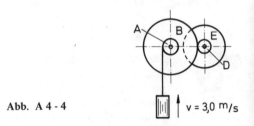

Abb. A 4 - 4

A 4 - 5 In dem abgebildeten System bewegt sich der Punkt A mit v = 10 m/s verzögert (a = - 1,0 m/s^2) nach unten. Zu bestimmen sind für den betrachteten Augenblick und für die nachfolgend gegebenen Werte $r_A = 0{,}50$ m; $r_B = 0{,}30$ m; $r_D = 0{,}50$ m; $r_E = 0{,}25$ m
a) der Bewegungszustand des Punktes E,
b) der Bewegungszustand der beiden Radblöcke.

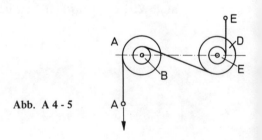

Abb. A 4 - 5

A 4 - 6 In dem abgebildeten System bewegt sich der Punkt B mit v = 2,0 m/s beschleunigt (a = 0,3 m/s^2) nach rechts. Zu bestimmen ist für den betrachteten Augenblick und für die nachfolgend gegebenen Werte $r_A/r_B = 2{,}5$; $r_D/r_E = 3$ der Bewegungszustand des Punktes D.

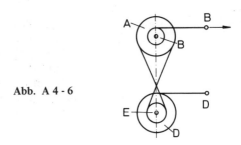

Abb. A 4 - 6

A 4 - 7 Skizziert ist ein Differentialflaschenzug, wie er im Band 1 Abschnitt 6.3 behandelt wurde. Die beiden oberen Rollen sind fest miteinander verbunden. Das eingelegte Seil gleitet nicht in der Führung. Das gezogene Seil wird nach unten beschleunigt bewegt. In allgemeiner Form sind Geschwindigkeit und Beschleunigung der Last zu bestimmen.

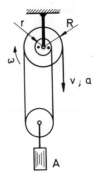

Abb. A 4 - 7

A 4 - 8 Zwei Wellen A und B sollen bei gleicher Drehzahl gekuppelt werden. Dazu wird Welle A, die zunächst ruht, beschleunigt und Welle B, die mit $n_0 = 3000$ min^{-1} rotiert, verzögert, Folgende Werte sind bekannt:
Welle A Beschleunigung von 0 bis n_0 in 12,7 s
Welle B Verzögerung von n_0 bis 0 in 9,8 s
Unter Annahme konstanter Beschleunigung (bzw. Verzögerung) sind Kupplungsdrehzahl und Zeit bis zum Einkuppeln zu bestimmen, für den Fall, daß Anfahren von A und Bremsen von B gleichzeitig beginnen.

A 4 - 9 Eine Seiltrommel $d = 0,50$ m rotiert mit $\omega_0 = 6$ s^{-1}. Sie soll ungleichmäßig so verzögert werden, daß die Last mit $v \approx 0$ aufgesetzt wird. Die Verzögerung geht von $\alpha = 4,0$ s^{-2} linear mit der Zeit auf den Wert Null. Zu bestimmen sind Bremszeit und -weg.

A 4 - 10 Eine Achse wird vom Stillstand ausgehend auf n_{max} = 2000 min^{-1} beschleunigt und sofort wieder bis zum Stillstand verzögert. Dieser Vorgang dauert 25 s, wobei die Anfahr- und Abbremszeiten nicht gleich sein müssen. Unter Voraussetzung konstanter Beschleunigung (Verzögerung) ist die Anzahl der Umdrehungen für diesen Vorgang zu berechnen.

A 4 - 11 Ein Maschinensatz wird ungleichförmig abgebremst. Dabei ändert sich die Verzögerung linear mit der Zeit in 9 s von 0 bis 20 s^{-2} und in weiteren 6 s von 20 s^{-2} bis 0. Zu bestimmen sind:
a) die Ausgangsdrehzahl, wenn der Maschinensatz nach Ablauf der Bremsung steht
b) die Anzahl der Umdrehungen während der Bremsung für Fall a).

A 4 - 12 Wird ein Maschinensatz angefahren, dann nimmt normalerweise die Winkelbeschleunigung von α_0 ausgehend zunächst stark ab, ändert sich dann weniger und erreicht bei der Enddrehzahl den Wert Null. Dieser Charakteristik wird der Ansatz

$$\alpha = \alpha_0 - k\sqrt{t}$$

gerecht. Für einen Anfahrvorgang, bei dem die Enddrehzahl n = 3000 min^{-1} in 16,0 s erreicht wird, sind für diesen Ansatz zu bestimmen
a) Anfangsbeschleunigung α_0, die Konstante k
b) ω (t)
c) Anzahl der Umdrehungen für den Anfahrvorgang.

A 4 - 13 Ein Maschinensatz läuft von n_0 = 3000 min^{-1} aus. Für diesen Auslaufvorgang soll die Abhängigkeit des Bremsmomentes von der Drehzahl ermittelt werden. Dazu werden beim Abschalten des Maschinensatzes gleichzeitig eine Uhr und ein Zählwerk (kein Tachometer) in Betrieb gesetzt. Dabei wird die Messung nicht bis zum Stillstand durchgeführt, weil bei kleineren Drehzahlen der Einfluß der Lagerreibung überwiegt. Die Messung ergibt folgende, zugeordnete Werte:

z =	0	100	200	400	600	800	1000	Umdrehungen
t =	0	2,1	4,4	9,6	15,9	23,5	32,7	Sekunden

Zu zeichnen ist das Diagramm $\alpha(\omega)$.

Der allgemeine Bewegungszustand (4.3)

A 4 - 14 Die abgebildete Schleife dreht sich im Uhrzeigersinn mit konstanter Winkelgeschwindigkeit ω. Dabei gleitet der Bolzen in der geraden Führung nach rechts. Zu bestimmen sind in allgemeiner Form die Bolzengeschwindigkeit v_B und die Bolzenbeschleunigung a_B.

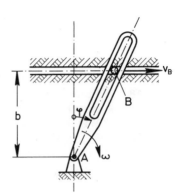

Abb. A 4 - 14/15/68

A 4 - 15 Der Bolzen B der abgebildeten Schleife bewegt sich mit konstanter Geschwindigkeit v_B nach rechts. Zu bestimmen sind in allgemeiner Form die Winkelgeschwindigkeit und -beschleunigung der Schleife.

A 4 - 16 Der Bolzen B der abgebildeten Schleife bewegt sich mit v_B = konst nach rechts. Zu bestimmen sind in allgemeiner Form die Winkelgeschwindigkeit und -beschleunigung (r = b = 0,50 m).

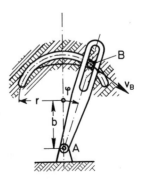

Abb. A 4 - 16

A 4 - 17 Die Kurbel der abgebildeten Kurbelschleife dreht sich im Uhrzeigersinn mit ω = konst = 5 s^{-1}. Zu bestimmen sind die Geschwindigkeit v, mit der der Bolzen B im Schlitz gleitet, und die Winkelgeschwindigkeit, mit der sich die Schleife AB in der skizzierten Lage dreht.

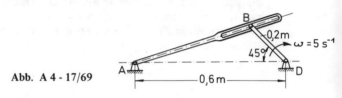

Abb. A 4 - 17/69

A 4 - 18 In dem skizzierten System gleitet die Muffe B mit v = 2,0 m/s nach rechts entlang der Stange. Zu bestimmen sind die Winkelgeschwindigkeit ω_{AB} und ω_{DB} der beiden Stangen.

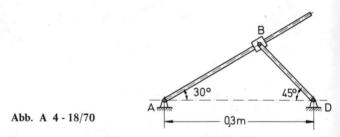

Abb. A 4 - 18/70

A 4 - 19 Skizziert ist im Prinzip ein Malteserkreuz-Schaltgetriebe. Die rechte Scheibe rotiert mit ω = konst im mathematisch positiven Sinn. Der Bolzen B rastet dabei in die Schlitze der linken Scheibe ein und dreht die linke Scheibe ruckartig um jeweils eine Viertelumdrehung. Damit die linke Seite im Stillstand ist, wenn der Bolzen ein- bzw. ausrastet, muß der Abstand der beiden Drehachsen $\sqrt{2} \cdot r$ sein. Für ω = 10 s^{-1} und r = 5,0 cm ist die Winkelgeschwindigkeit der linken Scheibe und die Gleitgeschwindigkeit des Bolzens im Schlitz für den Moment zu bestimmen, wenn der Winkel BDA 20° beträgt.

Abb. A 4 - 19/20

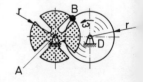

A 4 - 20 Für das skizzierte Malteserkreuzgetriebe ist die maximale Winkelgeschwindigkeit der linken Scheibe zu bestimmen. Siehe Werte und Hinweis A 4-19.

A 4 - 21 Das skizzierte System besteht aus den 2 Muffen A und B, die auf den Stangen gleiten können und die mit einer Stange verbunden sind. Die Muffe A wird mit der konstanten Geschwindigkeit v_A nach rechts bewegt. Zu bestimmen sind in allgemeiner Form die Geschwindigkeit der Muffe B und die Winkelgeschwindigkeit der Verbindungsstange.

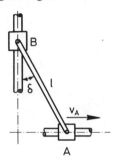

Abb. A 4 - 21/51/52

A 4 - 22 In dem skizzierten System wird die Muffe B mit v_B = 1,5 m/s nach rechts bewegt. Zu bestimmen sind für die skizzierte Lage die Geschwindigkeit der Muffe A und die Winkelgeschwindigkeit der Verbindungsstange.

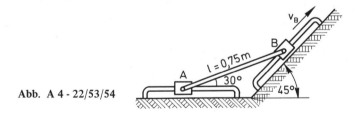

Abb. A 4 - 22/53/54

A 4 - 23 Die Kurbel ED der abgebildeten Kurbelschwinge dreht sich in der skizzierten Position mit ω_{ED} = 2,0 s^{-1} in angegebener Richtung. Für die nachstehend gegebenen Abstände sind die Geschwindigkeit des Punktes B und die Winkelgeschwindigkeit der Stäbe AB und BD zu berechnen.

AB = 0,40 m; DE = 0,20 m; AE = 0,20 m.

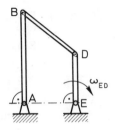

Abb. A 4 - 23/55

A 4 - 24 Die zwei Scheiben des skizzierten Systems sind mit dem Stab BD miteinander verbunden. Die rechte Scheibe rotiert in der abgebildeten Position mit der Winkelgeschwindigkeit $\omega_E = 12 \text{ s}^{-1}$ in angegebener Richtung. Für die nachstehend gegebenen Längen sind die Geschwindigkeiten der Punkte B und D und die Winkelgeschwindigkeit der Scheibe A und des Stabes BD zu bestimmen.

ED = 0,25 m; BD = 0,50 m; AB = 0,25 m $\cdot \frac{1}{2}\sqrt{2}$

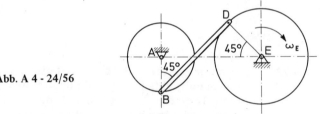

Abb. A 4 - 24/56

A 4 - 25 In dem skizzierten System bewegt sich die Muffe A mit $v_A = 1,0$ m/s nach rechts und schiebt die Stange von der Länge l = 1,0 m durch das Kugelgelenk B. Für diese Position sind die Geschwindigkeit des Punktes D nach Größe und Richtung und die Winkelgeschwindigkeit der Stange zu bestimmen.

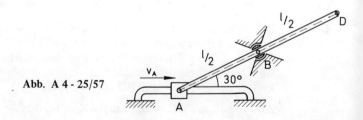

Abb. A 4 - 25/57

A 4 - 26 In dem skizzierten System wird die Kurbel AB mit ω_{AB} = 1,2 s^{-1} in angegebener Richtung gedreht. Für diese Lage sind für die nachstehend gegebenen Längen die Geschwindigkeit der Punkte B E D und die Winkelgeschwindigkeit der Stäbe BE und BD zu bestimmen.

AB = 0,20 m; EB = DB = 0,15 m.

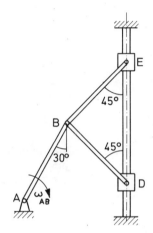

Abb. A 4 - 26

A 4 - 27 Der skizzierte Exzenter mit der Exzentrizität e = 10 mm rotiert um den Punkt O mit n = 1000 min^{-1} und bewegt dabei den Kolben A. Zu bestimmen ist die maximale Kolbengeschwindigkeit.

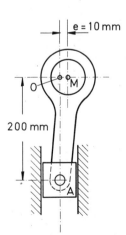

Abb. A 4 - 27

A 4 - 28 Eine Scheibe R = 0,3 m rollt nach Skizze mit $\omega = 3\ s^{-1}$. Zu bestimmen ist die Geschwindigkeit des skizzierten Punktes B (r = 0,20 m).

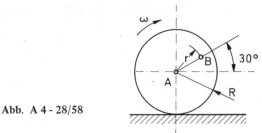

Abb. A 4 - 28/58

A 4 - 29 Der abgebildete Zylinder (r = 0,3 m) mit einer Deckscheibe vom Radius 2 r rollt nach Skizze auf einer Stange mit $\omega = 15\ s^{-1}$. Zu bestimmen ist die Geschwindigkeit des Punktes B.

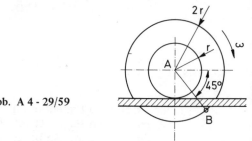

Abb. A 4 - 29/59

A 4 - 30 Der skizzierte Zylinder rollt mit der Winkelgeschwindigkeit ω auf einer Unterlage nach rechts. Dabei wird die Unterlage mit der Geschwindigkeit v nach links bewegt. In allgemeiner Form sind die Geschwindigkeiten der Punkte A B D zu bestimmen.

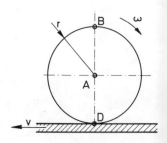

Abb. A 4 - 30

A 4 - 31 Ein großer Zylinder (Radius R = 5 r) liegt auf 2 Walzen (Radius r), die miteinander nach Skizze verbunden sind. Das System bewegt sich mit v = 4,0 m/s nach rechts. Es sind die Geschwindigkeiten der Punkte M A B zu bestimmen.

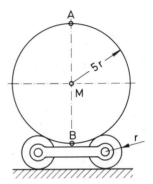

Abb. A 4 - 31

A 4 - 32 Das skizzierte System stellt in vereinfachter Form ein Planetengetriebe dar. Die miteinander verbundenen Räder A und B rollen aufeinander ab. Das Rad A dreht sich mit $\omega_A = 5{,}0\ s^{-1}$ im mathematisch positiven Sinn, während der Verbindungsarm AB mit $\omega_{AB} = 10\ s^{-1}$ im negativen Sinn umläuft. Zu bestimmen ist die Winkelgeschwindigkeit des Rades B. R = 10,0 cm, r = 2,0 cm.

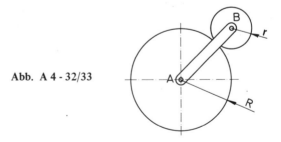

Abb. A 4 - 32/33

A 4 - 33 In dem skizzierten System rollen die beiden Räder A und B mit $\omega_A = 8{,}0\ s^{-1}$ (mathematisch positiv) und $\omega_B = 4{,}0\ s^{-1}$ (mathematisch negativ). Zu bestimmen sind die Geschwindigkeit des Punktes B und die Winkelgeschwindigkeit des Verbindungsarmes AB. R = 10,0 cm; r = 2,0 cm.

A 4 - 34 - 44 Die Aufgaben 4-21 bis 31 sind mit Hilfe des momentanen Drehpols zu lösen.
34-21; 35-22; 36-23; 37-24; 38-25; 39-26; 40-27; 41-28; 42-29; 43-30; 44-31.

A 4 - 45 Zwischen den zwei skizzierten Zahnstangen, die sich mit den angegebenen Geschwindigkeiten bewegen, wird ein Zahnradblock mitgenommen. Zu bestimmen sind die Geschwindigkeiten der Punkte A B D E M.

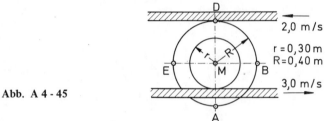

Abb. A 4 - 45

A 4 - 46 In dem skizzierten System rollt die Scheibe nach rechts und verschiebt damit über die Stange AB die Muffe B. Für die nachfolgend gegebenen Daten sind die Muffengeschwindigkeit v_B und die Winkelgeschwindigkeit der Stange AB zu bestimmen. r = 10 cm; r_A = 8 cm; AB = 30 cm; ω = 10 s^{-1}.

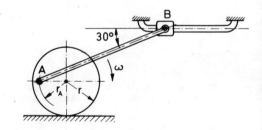

Abb. A 4 - 46

A 4 - 47 Skizziert ist in vereinfachter Form ein Planetengetriebe. Das Rad A (Radius r_A) wird angetrieben und rollt dabei das Rad B (Radius r_B) auf dem ruhenden Außenkranz D ab. In allgemeiner Form sind aufzustellen:
a) das Übersetzungsverhältnis ω_{AB}/ω_A,
b) die Winkelgeschwindigkeit ω_B.

Der allgemeine Bewegungszustand 45

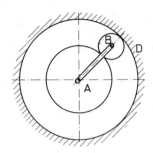

Abb. A 4 - 47/48

A 4 - 48 An dem skizzierten Planetengetriebe werden das Rad A und der Außenkranz D in jeweils entgegengesetzter Richtung gedreht. In allgemeiner Form ist die Winkelgeschwindigkeit des Arms AB aufzustellen.

A 4 - 49 Ein homogener Balken liegt auf einer glatten Unterlage. Das Ende A wird so gezogen, daß die Beschleunigung $a_A = 5{,}0$ m/s^2 beträgt, wobei der Balken mit $\alpha = 10$ s^{-2} gedreht wird. Zu bestimmen sind:
a) Lage des Punktes, der bei einsetzender Bewegung in Ruhe bleibt,
b) die Beschleunigung des Schwerpunktes.

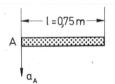

Abb. A 4 - 49

A 4 - 50 Ein homogener Balken wird an den beiden Seilen A und B herabgelassen. Vor dem Absetzen werden die beiden Seile ungleich gebremst. In allgemeiner Form sind Gleichungen für die Schwerpunktbeschleunigung und die Winkelbeschleunigung aufzustellen.

Abb. A 4 - 50

A 4 - 51 In dem System A 4-21 bewegt sich die Muffe A mit konstanter Geschwindigkeit v_A nach rechts. In allgemeiner Form sind die Gleichungen für die Beschleunigung der Muffe B und die Winkelbeschleunigung der Stange AB aufzustellen.

A 4 - 52   In dem System A 4-21 bewegt sich die Muffe A verzögert nach rechts (v_A = 2,0 m/s ; a_A = -1 m/s^2). Zu bestimmen sind die Geschwindigkeit und Beschleunigung der Muffe B und die Winkelgeschwindigkeit und -beschleunigung der Stange AB. l = 1,0 m; δ = 30°.

A 4 - 53   In dem System A 4-22 bewegt sich die Muffe B beschleunigt nach rechts (v_B = 1,5 m/s; a_B = 0,5 m/s^2). Zu bestimmen sind die Beschleunigung der Muffe A und die Winkelbeschleunigung der Stange AB.

A 4 - 54   Das System A 4-22 wird folgendermaßen geändert: die Verbindungsstange AB wird über A hinaus nach links um 2,25 m verlängert, so daß die Gesamtlänge jetzt L = 3,0 m beträgt. Zu bestimmen ist die Beschleunigung des neuen Endpunktes D der Stange, wobei der Bewegungszustand von A 4-53 beibehalten werden soll.

A 4 - 55   In dem System A 4-23 dreht sich die Kurbel ED in der skizzierten Position beschleunigt im Uhrzeigersinn (ω_{ED} = 2,0 s^{-1}; α_{ED} = 5,0 s^{-2}). Zu bestimmen sind die Beschleunigung des Punktes B und die Winkelbeschleunigungen der Stäbe AB und BD.
AB = 0,40 m; DE = 0,20 m; AE = 0,20 m.

A 4 - 56   In dem System A 4-24 rotiert die Scheibe E mit ω_E = 12 s^{-1} in angegebener Richtung. Die Scheiben werden in 0,1 s zum Stillstand gebracht. Zu bestimmen sind für die skizzierte Position die Beschleunigungen der Punkte B D und die Winkelbeschleunigungen der Scheibe A und der Stange BD während des Bremsvorganges. Es soll konstante Verzögerung angenommen werden. Abmessungen wie A 4-24.

A 4 - 57   In dem System A 4-25 wird die Muffe A mit v_A = 1,0 m/s verzögert nach rechts geschoben. Dabei soll die Verzögerung in der Muffe B gerade 1,0 m/s^2 betragen. Für diesen Bewegungszustand sind die Beschleunigungen der Punkte A D und die Winkelbeschleunigung der Stange zu bestimmen.

A 4 - 58 Die Scheibe A 4-28 rollt mit $\omega = 3\ s^{-1}$ und $\alpha = 5,0\ s^{-2}$ beschleunigt nach rechts. Zu bestimmen ist die Beschleunigung des Punktes B. $r = 0,20\ m;\ R = 0,30\ m$.

A 4 - 59 Für das System A 4-29 ist die Beschleunigung des Punktes B gesucht. Die Scheibe rollt mit konstanter Winkelgeschwindigkeit.

A 4 - 60 In dem skizzierten System gleitet der Bolzen A verzögert nach oben ($v_A = 2,0\ m/s;\ a_A = -1,0\ m/s^2$). Zu bestimmen ist die Beschleunigung der Masse m für die angegebene Position.

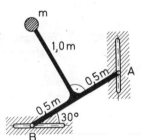

Abb. A 4 - 60

Die Relativbewegung (4.4)

A 4 - 61 Der skizzierte Stift überträgt eine Bewegung auf ein mit konstanter Geschwindigkeit v_P laufendes Papierband. Die Geschwindigkeit des Stiftes v_S ist in Abhängigkeit von v_P und dem Tangentenwinkel δ der gezeichneten Kurve auszudrücken.

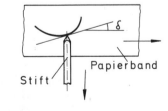

Abb. A 4 - 61

A 4 - 62 Die skizzierte Kurbelschleife schreibt mit dem Endpunkt auf einem mit v = konst = 0,5 m/s laufenden Band eine Kurve. Die Scheibe (r = 5,0 cm) rotiert mit ω = konst = 20 s^{-1}. Aufzustellen ist die Gleichung der aufgezeichneten Kurve.

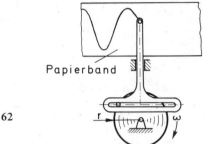

Abb. A 4 - 62

A 4 - 63 Der skizzierte Stab dreht sich mit ω = 5,0 s^{-1} = konst. Die Muffe verschiebt sich mit konstanter Geschwindigkeit v = 2,0 m/s. Für die 4 verschiedenen Kombinationen von Dreh- und Verschiebungsrichtungen sind die Beschleunigungsvektoren der Muffe zu skizzieren. (vergl. A 3-13/14).

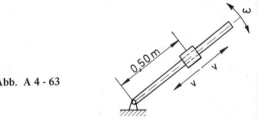

Abb. A 4 - 63

A 4 - 64 Von einer Autobahnbrücke fällt ein Gegenstand auf die Windschutzscheibe eines PKW, die unter 60° zur Horizontalen geneigt ist. Der Wagen fährt dabei mit v = 140 km/h. Der Höhenunterschied Brücke - Windschutzscheibe beträgt 7,0 m. Zu bestimmen sind:
a) die Geschwindigkeit, mit der der Gegenstand die Windschutzscheibe trifft,
b) der Winkel, unter dem die Scheibe getroffen wird,
c) die Normalkomponente der unter a) berechneten Geschwindigkeit.

A 4 - 65 Skizziert ist die Anordnung von 2 Förderbändern. Das Fördergut fällt von dem horizontalen Band unter dem Winkel δ = 30° auf das zweite Band, das eine Steigung von 30% hat. Der senkrechte Abstand von der Auftreffstelle zum

Band 1 beträgt z = 0,60 m. Mit welcher Geschwindigkeit muß Band 2 laufen, damit das Gut senkrecht auftrifft (Relativbewegung)?

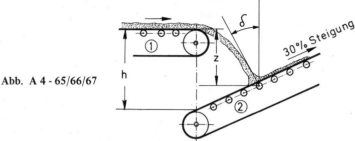

Abb. A 4 - 65/66/67

A 4 - 66 Das Fördergut in dem skizzierten System hat unmittelbar vor dem Auftreffen auf das Band 2 eine Geschwindigkeit von 4,0 m/s. Unter welchem Winkel δ muß es fallen, damit das mit v = 1,5 m/s laufende Band 2 mit Minimalgeschwindigkeit getroffen wird?

A 4 - 67 In dem skizzierten System läuft das Band 1 mit v_1 = 1,0 m/s, das Band 2 mit v_2 = 1,5 m/s. Die Höhendifferenz h beträgt h = 0,80 m. Zu bestimmen ist die Relativgeschwindigkeit, mit der das Band 2 vom Fördergut getroffen wird.

A 4 - 68 Für die Schleife A 4-15 sind in allgemeiner Form zu bestimmen:
a) die Beschleunigung mit der der Bolzen B im Schlitz gleitet,
b) die Coriolisbeschleunigung von B.

A 4 - 69 Für die Kurbelschleife A 4-17 sind zu bestimmen:
a) die Beschleunigung mit der der Bolzen B im Schlitz gleitet,
b) die Coriolisbeschleunigung von B,
c) die Winkelbeschleunigung der Schleife AB.

A 4 - 70 In dem System A 4-18 gleitet die Muffe B mit v = 2,0 m/s nach rechts entlang der Stange. Zu bestimmen sind:
a) die Winkelbeschleunigung der beiden Stangen
b) die Coriolisbeschleunigung von B,
c) die resultierende Beschleunigung von B.

A 4 - 71 Skizziert ist ein mit $\omega = 10\ \text{s}^{-1}$ rotierendes Wasserrohr, in dem die Strömungsgeschwindigkeit 2,0 m/s beträgt. Aus Gründen der Kontinuität der Strömung ist diese Geschwindigkeit in jedem Rohrabschnitt gleich. Zu bestimmen ist die Gesamtbeschleunigung eines Wasserteilchens, das sich im Abstand von 0,5 m vom Drehpunkt befindet.

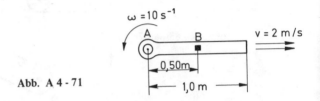

Abb. A 4 - 71

A 4 - 72 Die skizzierte Scheibe rotiert um ihren Mittelpunkt beschleunigt im Uhrzeigersinn mit den momentanen Werten $\omega = 2{,}0\ \text{s}^{-1}$ und $\alpha = 3{,}0\ \text{s}^{-2}$. Die Punkte A B D bewegen sich beschleunigt mit v = 1,2 m/s und a = 2,5 m/s² in den eingezeichneten Schlitzen und zwar A nach oben, B nach rechts und D nach links unten. Der Abstand der einzelnen Punkte vom Drehpunkt beträgt r = 1,0 m. Zu bestimmen sind die Gesamtbeschleunigungen von A B D.

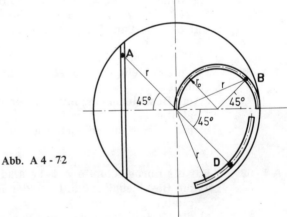

Abb. A 4 - 72

Die Zusammensetzung von Drehungen (4. 5)

A 4 - 73 In dem skizzierten System rotiert die große Scheibe mit $\omega_1 = 100\ \text{s}^{-1}$, die kleine Scheibe mit $\omega_2 = 200\ \text{s}^{-1}$ in den angegebenen Richtungen. Zu bestimmen ist die Geschwindigkeit des Punktes D.

Die Zusammensetzung von Drehungen

Abb. A 4 - 73

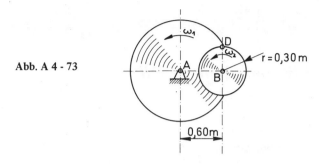

A 4 - 74 In dem skizzierten System dreht sich der Stab AB (l = 0,30 m) mit ω = 10 s^{-1} in angegebener Richtung. Um B rotiert dabei ein zweiter Stab gleicher Länge mit gleicher Winkelgeschwindigkeit in entgegengesetzter Richtung. Zu bestimmen sind die Geschwindigkeiten der Punkte D und E für die abgebildete Position. Die Ergebnisse sind zu diskutieren.

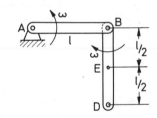

Abb. A 4 - 74

A 4 - 75 Am Ende eines Hebels AB, der mit ω_1 = 50 s^{-1} rotiert, sitzt eine Scheibe, die sich ihrerseits mit ω_2 = 200 s^{-1} entgegengesetzt dreht. Zu bestimmen sind die Geschwindigkeiten der Punkte D und E für die abgebildete Position.

Abb. A 4-75

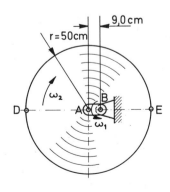

5./6. Impuls und Drall

Der Impulssatz (6.1.1)

A 6-1 Ein Zug bestehend aus 18 Wagen (m = 40 000 kg) und einer Lokomotive (m = 80 000 kg) fährt auf einer horizontalen Strecke mit v = 120 km/h. Es werden die Bremsen betätigt. Infolge eines Defektes sprechen nur die Bremsen der letzten 10 Wagen an. Die Reibungszahl beträgt μ = 0,2. Zu bestimmen sind:
a) die Zeit bis zum Stillstand des Zuges,
b) der Bremsweg,
c) die Kraft in der am höchsten während der Bremsung beanspruchten Kupplung.

A 6-2 Das skizzierte System besteht aus der sehr leichten Doppelrolle, die reibungslos gelagert ist, und den beiden Massen m_A = 15 kg, m_B = 20 kg, die an den Seilen aufgehängt sind. Das System befindet sich zunächst in Ruhe. Zu bestimmen sind:
a) die Geschwindigkeiten, Beschleunigungen und Wege für A und B für t = 2,0 s nach einsetzender Bewegung,
b) die Gelenkkraft D und die Seilkräfte während der Bewegung.

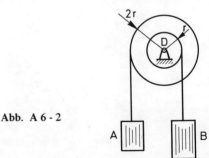

Abb. A 6-2

A 6 - 3   In dem skizzierten System wird die Masse A durch die Masse B von Ruhe aus in Bewegung gesetzt. Die leichte Umlenkrolle ist reibungslos gelagert. Die Reibungszahl an der Unterlage beträgt $\mu = 0{,}5$. Für $m_A = 10$ kg und $m_B = 5$ kg sind zu bestimmen:
a) die Geschwindigkeiten und Beschleunigungen von A und B nach 3 s und nachdem A eine Strecke von 1,0 m zurückgelegt hat,
b) die Seilkräfte.

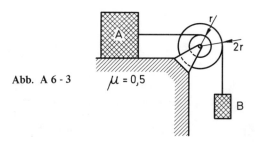

Abb. A 6 - 3

A 6 - 4   In dem skizzierten System bewegt sich zunächst die Masse A ($m_A = 200$ kg) nach oben und die Masse B ($m_B = 300$ kg) nach unten. Im Ausgangspunkt ist dabei $v_A = 2{,}0$ m/s. Die Rollenmassen und Reibungskräfte sind vernachlässigbar.
Zu bestimmen sind:
a) die Zeit bis die Geschwindigkeit von A und B sich wieder bei umgekehrter Bewegungsrichtung einstellen,
b) die Seilkräfte.

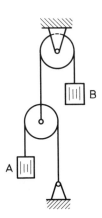

Abb. A 6 - 4

A 6 - 5 In dem skizzierten System wird die Masse A (m_A = 12 kg) durch die Masse B (m_B = 18 kg) von Ruhe aus in Bewegung gesetzt. Die Reibungszahl an der Unterlage beträgt μ = 0,2. Die Rollenmassen und -reibung sind vernachlässigbar. Zu bestimmen sind:
a) die Geschwindigkeiten und Beschleunigungen von A und B nach t = 1/3 s,
b) die Seilkraft.

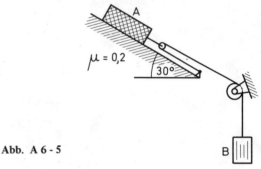

Abb. A 6 - 5

A 6 - 6 In dem skizzierten System bewegt sich die Masse A mit v = 1,0 m/s nach rechts oben. Für die nachfolgend gegebenen Daten sind zu bestimmen:
a) die Zeit bis das System auf v_A = 3,0 m/s beschleunigt hat,
b) die Seilkraft.
m_A = 200 kg; m_B = 400 kg; Rollenmasse und -reibung vernachlässigbar.

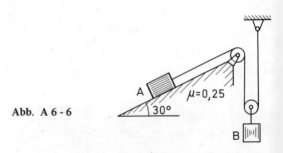

Abb. A 6 - 6

A 6 - 7 Für das skizzierte System ist m_B so zu bestimmen, daß die Masse mit v = 3,0 m/s auf dem Boden aufsetzt. Rollenmassen und -reibung sind vernachlässigbar. m_A = 10 kg. Bewegung von Ruhe ausgehend.

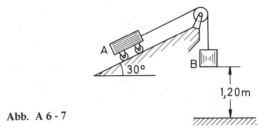

Abb. A 6 - 7

A 6 - 8 Zwei gleiche Massen liegen aufeinander. Die untere Masse ist auf horizontaler Unterlage reibungslos gelagert. Die Reibungszahl für die Berührungsfläche beider Massen ist μ. Welche maximale Geschwindigkeit erreicht das System nach der Zeit t, wenn es an der oberen Masse gezogen wird und eine Verschiebung beider Massen nicht eintreten soll?

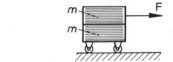

Abb. A 6 - 8

A 6 - 9 Der Luftwiderstand eines fahrenden Kraftwagens ändert sich proportional zu v^2. Das hat zur Folge, daß bei hohen Fahrgeschwindigkeiten der Luftwiderstand gegenüber den anderen Widerständen weit überwiegt. Mit Hilfe des nachfolgend beschriebenen Versuches soll für einen PKW die Widerstandskraft in allgemeiner Form $F = k \cdot v^2$ und für v = 150 km/h bestimmt werden. Der Wagen (m = 1000 kg) wird zunächst auf horizontaler Strecke bei Windstille auf 150 km/h beschleunigt. Nach Erreichen der Geschwindigkeit wird ausgekuppelt. Der Wagen wird, vorwiegend durch den Luftwiderstand, in t = 7,7 s auf 130 km/h abgebremst.

Der Satz von der Erhaltung des Impulses (6.1.2)

A 6 - 10 Zwei Affen klettern nach Skizze an einem Seil hoch, das um eine leichte, reibungslos gelagerte Rolle gelegt ist. Die Ausgangshöhe ist gleich und beide Affen sind gleich schwer. Der linke Affe klettert mit 1 m/s, der rechte mit 2 m/s relativ zum Seil. Zu bestimmen sind:
a) die Absolutgeschwindigkeit beider Affen,
b) die Winkelgeschwindigkeit der Rolle (r = 0,25 m),
c) die Zeitdifferenz mit der die Affen oben ankommen.

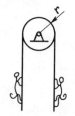

Abb. A 6 - 10/66

A 6 - 11 Ein Mann (m_M = 70 kg) stößt horizontal einen Stein (m_S = 5 kg) von einem im Wasser liegenden Boot (m_B = 200 kg). Nach dem Stoß treibt das Boot mit v = 0,1 m/s. Zu bestimmen ist die Geschwindigkeit des Steines nach dem Stoß absolut und relativ zum Boot.

A 6 - 12 Ein Mann in einem Boot zieht einen schweren Kahn heran. Dabei bewegen sich Mann und Boot (m_A = 300 kg) mit v_A = 0,8 m/s relativ zum Ufer, wobei der Mann das Seil mit 0,9 m/s aufwickelt. Zu bestimmen ist die Masse des Kahnes B.

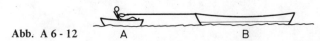

Abb. A 6 - 12   A   B

A 6 - 13 Auf einem Kahn (m_K = 4 Mg) wird eine Last (m_L = 500 kg) nach Skizze verschoben. Das Windenseil wird mit v = 0,1 m/s aufgewickelt. Zu bestimmen ist die Geschwindigkeit, mit der sich das Schiff dabei verlagert.

Abb. A 6 - 13

A 6 - 14 Ein Mann (m_M = 75 kg) treibt in einem Boot (m_B = 300 kg) auf dem Wasser, das mit v_o = 0,5 m/s fließt. Der Mann springt entgegen der Bewegungsrichtung des Bootes mit v = 2 m/s relativ zum Boot horizontal ab. Zu bestimmen ist die Bootsgeschwindigkeit nach dem Absprung. Die Rechnung soll in einem Koordinatensystem durchgeführt werden, das
a) absolut in Ruhe ist,
b) sich mit v_o mitbewegt.

A 6 - 15 Von einem reibungslos gelagerten Wagen werden mit der Geschwindigkeit v relativ zum Wagen 3 Massen (je m)
a) gleichzeitig, b) nacheinander abgestoßen (siehe Skizze).
Vor dem Abstoßen befinden sich alle Massen in Ruhe. Die Masse des Wagens ist gleich 2 m. Für a) und b) ist in allgemeiner Form die Endgeschwindigkeit des Wagens abzuleiten. Für b) ist die Rechnung mit ruhendem und mit bewegtem Koordinatensystem durchzuführen.

Abb. A 6 - 15

A 6 - 16 Ein Brett (m_B) rollt mit v_o nach links. Entgegengesetzt läuft ein Mann (m_M) mit v_1 und springt auf das Brett, wobei er jetzt relativ zum Brett mit v_1 weiterläuft. Dann beschleunigt der Läufer und springt mit v_4 relativ zum Brett ab. Zu bestimmen sind in allgemeiner Form:
a) die Geschwindigkeit des Brettes v_2 nach dem Aufsprung,
b) die Geschwindigkeit des Brettes nach dem Absprung.

Abb. A 6 - 16

A 6 - 17 Wie A 6-16, jedoch bewegt sich jetzt der Mann nach dem Aufsprung absolut mit v_1 weiter. Das ist ein Modell für einen ohne Antrieb aufrollenden Wagen, der infolge seiner Massenträgheit seine Absolutgeschwindigkeit beibehält.

A 6 - 18 Auf einem Kahn (m = 10^5 kg) wird eine Last auf einem Fahrzeug (m = 1 000 kg) für 3 s mit a = 0,2 g beschleunigt und danach mit a = 0,4 g bis zum Stillstand verzögert. Die Beschleunigungen gelten für das Absolutsystem (Ruhezustand) Zu bestimmen sind:
a) das v (t)-Diagramm für den Kahn,
b) die Gesamtverlagerung des Schiffes.
Ist nach Ablauf des Vorganges das Schiff wieder in Ruhe? Diese Aufgabe stellt ein Modell für die Bewegung eines Astronauten in einem Raumschiff im Schwebezustand dar.

Abb. A 6 - 18

Der zentrische Stoß (6.1.3)

A 6 - 19 Ein PKW (m = 1000 kg) fährt mit v = 150 km/h zentral auf einen Pfeiler. Die Dauer des Stoßvorganges wird auf 0,1 s geschätzt (s. A 8-24). In erster Näherung wird angenommen daß während der Deformation des Wagens die Kraft mit der Zeit linear zunimmt. Wie groß ist etwa die maximal wirkende Kraft?

A 6 - 20 Eine Masse m fällt frei aus der Höhe h auf eine horizontale Unterlage. Zu bestimmen ist in allgemeiner Form der auf die Unterlage ausgeübte Impuls für a) plastischen, b) elastischen, c) teilelastischen Stoß.

A 6 - 21 Ein leichter Ball fliegt einem mit v = 30 m/s fahrenden PKW entgegen und hat unmittelbar vor dem Auftreffen eine Geschwindigkeit von 10 m/s in horizontaler Richtung. Die Auftrefffläche steht senkrecht. Mit welcher Geschwindigkeit prallt der Ball ab, wenn die Stoßzahl k = 0,6 geschätzt wird.

A 6 - 22 Vier gleiche Wagen stehen auf einer horizontalen Bahn. Der Wagen A stößt mit v_0 auf den Wagen B, worauf sich der Stoß auf C und D weiter überträgt. Zu bestimmen ist die Geschwindigkeit des letzten Wagens für den Fall, daß alle Stöße a) plastisch, b) elastisch und c) teilelastisch sind.

Abb. A 6 - 22

A 6 - 23 Der skizzierte Wagen A rollt auf den festgebremsten Wagen B (m_B = 20 Mg). Der Stoß ist teilelastisch (k = 0,5). Welche Masse darf A höchstens haben, wenn kein zweiter Stoß auftreten soll? Wie weit gleitet B auf den Schienen, wenn A diese Grenzmasse hat und mit v = 2,0 m/s auffährt? μ = 0,2.

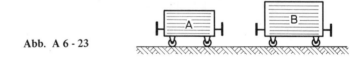

Abb. A 6 - 23

A 6 - 24 Eine Ramme (m = 1 Mg) fällt aus h = 2,0 m auf einen Pfahl, (m = 300 kg), der dabei um 20 cm in den Boden eindringt. Wie groß ist die mittlere Widerstandskraft des Erdreiches, wenn der Stoß unelastisch ist und konstante Verzögerung beim Eindringen angenommen wird?

60   5./6. Impuls und Drall

A 6 - 25   Eine Kugel wird unter dem Lotwinkel δ_1 gegen eine glatte Wand geworfen. Die Stoßzahl k ist in Abhängigkeit von δ_1 und dem Ausfallwinkel δ_2 abzuleiten.

Abb. A 6 - 25

A 6 - 26   Ein Ball wird nach Skizze unter δ_o = 30° zur Wand geworfen. Für die Stoßzahl k = 0,6 ist der Winkel ε zu bestimmen. (Hinweis: erst A 6-25 lösen und Ergebnis verwenden).

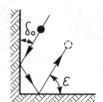

Abb. A 6 - 26/27

A 6 - 27   Ein Ball wird nach Skizze unter dem Winkel δ_o in eine Ecke geworfen. Die Stoßzahl ist k. In allgemeiner Form ist der Austrittswinkel ε zu bestimmen. (Hinweis: erst A 6-25 lösen und Ergebnis verwenden).

A 6 - 28   Eine runde, homogene Scheibe gleitet reibungslos und stößt mit v = 10 m/s nach Skizze auf eine Kante. Für eine Stoßzahl von k = 0,7 sind Geschwindigkeit und Bewegungsrichtung nach dem Stoß zu bestimmen.

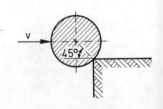

Abb. A 6 - 28

A 6 - 29 Zwei Kugeln, deren Massen sich wie 1 : 2 verhalten, bewegen sich mit der gleichen Geschwindigkeit v_1 = 6 m/s und stoßen nach Skizze unelastisch zusammen. Zu bestimmen sind Bewegungsrichtung und Geschwindigkeit nach dem Stoß.

Abb. A 6 - 29

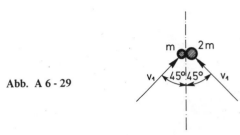

A 6 - 30 Gegen die Windschutzscheibe eines mit 40 m/s fahrenden PKW, die unter 60° zur Horizontalen geneigt ist, trifft nach Skizze ein leichter Ball mit v = 10 m/s. Zu bestimmen ist die Abprallgeschwindigkeit nach Größe und Richtung für den Fall, daß die Stoßzahl k = 0,5 ist und die Scheibe den Aufprall aushält.

Abb. A 6 - 30

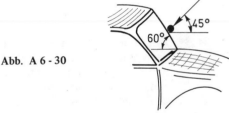

Der Impuls des kontinuierlichen Massenstroms (6.2)

A 6 - 31 Ein Feuerlöschboot erzeugt in Richtung der Schiffsachse nach vorn einen Strahl von 8,0 cm ϕ mit 100 l/s unter 45° zur Horizontalen. Auf welche Geschwindigkeit muß im Mittel der Schiffspropeller von 0,55 m Durchmesser das Wasser beschleunigen, wenn das Schiff in Ruhe bleiben soll? Es soll angenommen werden, daß der Durchmesser des Wasserstrahls hinter dem Propeller 10% kleiner ist, als der Propellerdurchmesser. Welche Kraft erzeugt der Löschstrahl auf die Halterung der Düse?

A 6 - 32 Ein Strahl mit der Querschnittsfläche A, der mit der Geschwindigkeit v strömt, trifft senkrecht nach Skizze auf eine Platte, die mit u bewegt wird. In allgemeiner Form ist die auf der Platte wirkende Kraft zu bestimmen.

Abb. A 6 - 32

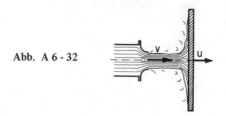

A 6 - 33 Im Anschluß an das Beispiel im Lehrbuch S. 126 (Peltonturbine) ist die Kraft an einer Turbinenschaufel zu berechnen, wenn die Turbine optimal läuft (Punkt c). Es ist weiterhin zu beweisen, daß für volle Energieausnutzung mindestens 2 Schaufeln gleichzeitig voll vom Wasser beaufschlagt sein müssen. (Hinweis: zuerst A 6-32 lösen und Ergebnis sinngemäß anwenden).

A 6 - 34 Ein Strahlturbinenflugzeug fliegt mit v = 1050 km/h. Dabei setzt das Triebwerk einen Luftstrom von $\dot{m}_L$ = 103 kg/s und eine Brennstoffmenge von $\dot{m}_B$ = 1,2 kg/s durch. Die Verbrennungsgase werden mit 680 m/s relativ zum Flugzeug ausgestoßen. Zu bestimmen sind Schubkraft und Schubleistung.

A 6 - 35 Die Bänder A 4-66 fördern eine Menge von 500 kg/s. Welche Kraft erzeugt das einfallende Gut auf das Band 2 und welche Kraft ist notwendig, um das Fördergut auf die Bandgeschwindigkeit zu beschleunigen?

A 6 - 36 In dem skizzierten System fällt das Fördergut (400 kg/s) von einer Rutsche auf das mit v = 2 m/s laufende Band. Das Gut hat eine Auftreffgeschwindigkeit von 4,0 m/s unter 30° zur Horizontalen. Welche Kraft muß vom Förderband zur Beschleunigung des Fördergutes auf die Bandgeschwindigkeit aufgebracht werden?

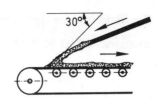

Abb. A 6 - 36

A 6 - 37 Eine Kette hängt und berührt zur Zeit t = 0 gerade die Unterlage. Sie wird losgelassen und fällt auf diese Unterlage. Wie groß ist auf die Unterlage wirkende Kraft in Abhängigkeit von der Länge y und wie groß ist sie, wenn das letzte Glied auftrifft?
Kettenmasse q kg/m.

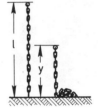

Abb. A 6 - 37

A 6 - 38 In einem Turbinenrad von 0,50 m Durchmesser tritt nach Skizze Wasser unter 20° zur Tangente ein und verläßt es in axialer Richtung. Die Eintrittsgeschwindigkeit beträgt v = 20 m/s, der Volumenstrom 1,2 m³/s. Zu bestimmen ist das am Rad wirkende Moment.

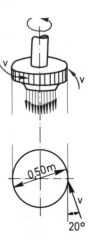

Abb. A 6 - 38

Das Massenträgheitsmoment, das Zentrifugalmoment und der Steinersche Satz (6. 3. 1)

A 6 - 39 Für die skizzierte Stahlplatte sind die Massenträgheitsmomente für alle eingezeichneten Achsen zu bestimmen.

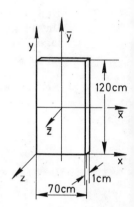

Abb. A 6 - 39

A 6 - 40 Für das skizzierte Schwungrad aus GG (ϱ = 7,20 g/cm³) sind das Massenträgheitsmoment und der Trägheitsradius für die Drehachse zu bestimmen.

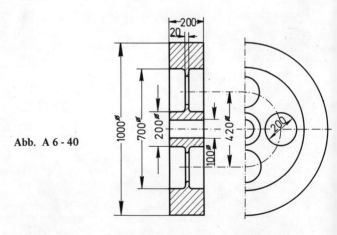

Abb. A 6 - 40

A 6 - 41 Das skizzierte System besteht aus einer homogenen Stange (m = 10 kg) und einem homogenen Zylinder (m = 20 kg). Zu bestimmen sind Trägheitsmoment und Trägheitsradius für den Aufhängepunkt A und den Schwerpunkt S.

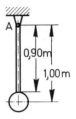

Abb. A 6 - 41

A 6 - 42 Das Trägheitsmoment einer homogenen Kugel soll für die Achse AA bestimmt werden. Wie groß muß R in Abhängigkeit von r mindestens sein, damit der Fehler beim Ansatz $J = m \cdot R^2$ höchstens 1/2 % beträgt? Die Fehlerangabe bezieht sich auf den exakten Wert.

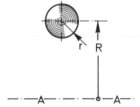

Abb. A 6 - 42

A 6 - 43 Für die beiden skizzierten Anordnungen der Kugeln sind die Trägheitsmomente für die y-Achse zu bestimmen. Die Rechnung soll für Stahl durchgeführt werden.

Abb. A 6 - 43/61/62

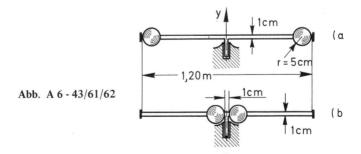

A 6 - 44 Für den skizzierten homogenen Kegel sind in allgemeiner Form J_z ; J_y ; i_y ; i_z zu bestimmen.

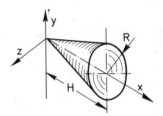

Abb. A 6 - 44

A 6 - 45 Das skizzierte Gebilde besteht aus 3 gleich langen (l = 1,0 m) homogenen Stangen und wiegt 6,0 kg. Zu bestimmen ist das Trägheitsmoment für die Drehachse.

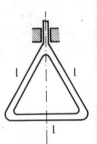

Abb. A 6 - 45

A 6 - 46 Skizziert ist der Schnitt durch eine Autofelge mit Reifen. Beim Auswuchten dieser Reifen wurden zwei Ausgleichsmassen m von je 50 g nach Skizze gegenüber liegend eingelegt. Zu bestimmen ist das Zentrifugalmoment $J_{x \cdot y}$ der Ausgleichsmassen.

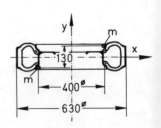

Abb. A 6 - 46

A 6 - 47 Eine Turbinenscheibe (m = 20 kg, D = 0,50 m) ist mit einem Winkelfehler δ = 0,1° auf die Welle montiert. Zu bestimmen ist das Zentrifugalmoment dieser Scheibe J_{xy}.

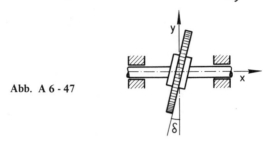

Abb. A 6 - 47

A 6 - 48 Für den skizzierten Rührer, der aus einer homogenen Stange gebogen ist, ist das Zentrifugalmoment J_{xy} zu berechnen. Stangenmasse 2,0 kg/m.

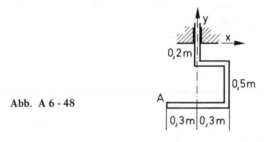

Abb. A 6 - 48

A 6 - 49 Welche Masse muß auf das Ende A des Rührers A 6-48 gesteckt werden, damit J_{xy} = 0 wird?

Die Drehung um die Hauptachsen (6.3.3)

A 6 - 50 Ein Rotor, dessen Trägheitsmoment für die Drehachse 12,0 kgm² beträgt, läuft mit ω_0 = 300 s^{-1}. Er soll auf ω_1 = 200 s^{-1} abgebremst werden. Das Bremsmoment, das mit M_0 = 0,10 kNm einsetzt, nimmt linear mit der Zeit so ab, daß es bei ω_1 gerade null wird. Zu bestimmen ist die Bremszeit.

A 6 - 51 Skizziert ist das Schema von 2 rotierenden Massen, die über eine Zahnradübersetzung (2 : 1) miteinander verbunden sind. Das System wird bei A nach dem angegebenen zeitlichen Verlauf angetrieben. Das zu überwindende Lastmoment ist auf A umgerechnet und ebenfalls im Diagramm gegeben. Für J_A = 20 kgm² und J_B = 40 kgm² sind die Drehzahlen zu bestimmen, die das System nach dem Anfahren von Ruhe aus erreicht.

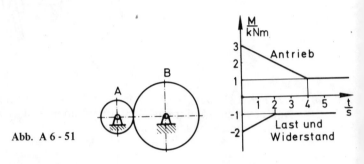

Abb. A 6 - 51

A 6 - 52 Das skizzierte System besteht aus zwei homogenen, zylindrischen Scheiben (r = 0,15 m, J = 0,1 kgm²) und der an einem Seil aufgehängten Masse (m = 10 kg), die die beiden Scheiben von Ruhe aus in Bewegung setzt. Zu bestimmen sind die Beschleunigungen a und α und die Geschwindigkeit v und der Weg s nach t = 2,0 s.

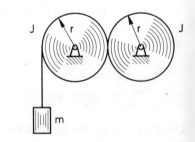

Abb. A 6 - 52

A 6 - 53 Ein Maschinensatz wird mit der im Schema skizzierten Bremse von ω_0 = 100 s⁻¹ in t = 12,2 s stillgesetzt. Für die Annahme konstanter Reibung μ = 0,5 ist das Trägheitsmoment des Maschinensatzes zu berechnen. Ist es für die Rechnung gleichgültig, in welcher Richtung die Bremstrommel umläuft?

Die Drehung um die Hauptachsen

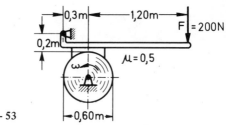

Abb. A 6 - 53

A 6 - 54 Der skizzierte Aufbau dient dazu, das Trägheitsmoment der rotierenden Massen zu bestimmen. Von Ruhe ausgehend, durchfällt die Masse B eine vorgegebene Strecke h, für die die Zeit t gemessen wird. Damit dieser Vorgang nicht zu schnell abläuft, wird die Gegenmasse A angebracht. Reibungsmomente können vernachlässigt werden. Für die nachfolgenden Werte ist das Trägheitsmoment zu berechnen. m_A = 3,0 kg; m_B = 10,0 kg; r_A = 10 cm; r_B = 20 cm; h = 2,0 m; t = 8,8 s.

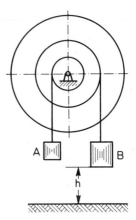

Abb. A 6 - 54

A 6 - 55 Der skizzierte Wagen rollt eine schiefe Ebene herab und dreht dabei über ein Seil eine Masse. Am Wagen wirkt eine konstante Reibungskraft von 5,0 N. Wenn dieser Vorgang von Ruhe ausgeht, erreicht der Wagen nach 2,0 m eine Geschwindigkeit v = 2,83 m/s. Zu bestimmen ist das Trägheitsmoment der rotierenden Masse.

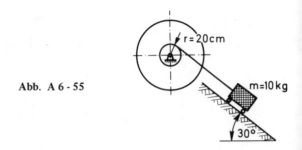

Abb. A 6 - 55

A 6 - 56 Das skizzierte System besteht aus zwei gleichen Rollen, die über ein Seil miteinander verbunden sind. Das Seil ist mit einer Feder vorgespannt. An der oberen Rolle greift ein Moment M an. Für die Bewegung von Ruhe aus und unter Vernachlässigung der Reibung sind in allgemeiner Form die Winkelgeschwindigkeit und -beschleunigung und die Seilkräfte abzuleiten.

Abb. A 6 - 56

A 6 - 57 Zwei Walzen (je m = 5 kg; r = 3,0 cm) rotieren frei mit ω_o = 60 s^{-1}. Ein homogener Balken von 10 kg Masse wird symmetrisch aufgelegt. Die Reibungszahl der Berührungsfläche wird μ = 0,2 geschätzt. Wie lange dauert es, bis der Balken mit voller Geschwindigkeit mitgenommen wird und wie hoch ist die Geschwindigkeit?

Abb. A 6 - 57

A 6 - 58 Ein Balken (m_B = 20 kg) wird nach Skizze auf zwei Walzen (je m_W = 10 kg; r = 5 cm) gelegt und losgelassen. Die überstehende Länge beträgt bei Beginn der Bewegung l = 2,0 m. Die Walzen sind reibungslos gelagert und werden ohne zu gleiten vom Balken in Drehung versetzt. Zu bestimmen ist die Drehzahl der oberen Walze, nachdem der Balken durchgelaufen ist und die Zeit bis dahin.

Abb. A 6 - 58

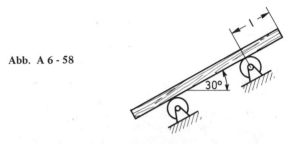

A 6 - 59 Das skizzierte System besteht aus einem leichten Gestell, das von dem Moment M gedreht wird und den beiden Massen m, die sich mit konstanter Geschwindigkeit nach außen bewegen. Wie muß sich das Moment mit der Zeit bzw. dem Abstand r ändern, wenn die Drehzahl konstant sein soll?

Abb. A 6 - 59

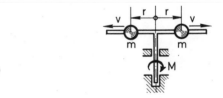

Der Satz von der Erhaltung des Dralls (6.3.4)

A 6 - 60 Zwei Massen A und B rotieren frei mit ω_A bzw. ω_B. In diesem Zustand werden sie zusammengekuppelt. In allgemeiner Form ist die Winkelgeschwindigkeit ω nach dem Kupplungsvorgang zu bestimmen.

Abb. A 6 - 60

A 6 - 61 Das skizzierte System A 6-43 rotiert frei in der Position b mit $\omega_A = 20\ s^{-1}$. Dabei werden die Kugeln mit einer Schnur zusammengehalten. Diese wird durchgebrannt und beide Kugeln schlagen gegen den Anschlag außen (Position a). Zu bestimmen ist die Winkelgeschwindigkeit nach diesem Vorgang.

A 6 - 62 Wie A 6-61, jedoch fehlt jetzt der Anschlag außen, so daß die Kugeln abfliegen.

A 6 - 63 Eine Punktmasse m bewegt sich reibungslos am Ende eines Fadens kreisförmig auf einer Platte (s. Skizze). Im Abstand r_o ist die Umfangsgeschwindigkeit $v_{\varphi o}$. Der Faden wird wie abgebildet nach innen gezogen. Es ist in allgemeiner Form ein Gesetz für die Änderung der Umlaufgeschwindigkeit aufzustellen.

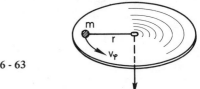

Abb. A 6 - 63

A 6 - 64 In einem Taifun beschreiben die einzelnen Luftteilchen in erster Näherung Kreisbahnen um eine Zentralachse. Wie ist grundsätzlich die Verteilung der Luftgeschwindigkeit in Abhängigkeit vom Zentrumsabstand? (Hinweis: s. A 6-63).

A 6 - 65 Ein Astronaut, der 1,80 m hoch ist und auf der Erde 100 kg wiegt, schwebt im Raum mit einer Bohrmaschine. Der Anker der Bohrmaschine hat einen Trägheitsradius von 2,5 cm und wiegt auf der Erde 0,6 kg. Mit welcher Winkelgeschwindigkeit beginnt sich der Astronaut etwa im Raum zu drehen, wenn die Bohrmaschine mit $\omega_o = 300\ s^{-1}$ anläuft? Wie lange würde der Astronaut für eine volle Umdrehung brauchen? (Hinweis: Trägheitsmoment des Astronauten näherungsweise wie für homogenen Balken berechnen).

A 6 - 66 In der Aufgabe A 6-10 soll zusätzlich das Trägheitsmoment der Rolle berücksichtigt werden: $J = 3{,}0 \text{ kgm}^2$; $r = 0{,}25$ m. Das Seil hängt zunächst beidseitig 8,0 m herunter, die beiden Affen sind gleich schwer $(m = 30 \text{ kg})$. Der rechte Affe klettert mit 2,0 m/s relativ zum Seil, der linke mit 1,0 m/s relativ zum Seil. Zu bestimmen sind:
a) die Absolutgeschwindigkeit beider Affen,
b) die Winkelgeschwindigkeit der Rolle,
c) die Zeitdifferenz mit der die Affen oben ankommen.

Die allgemeine, ebene Bewegung (6.3.5)

A 6 - 67 An einem dünnwandigen Rohr $(m = 100 \text{ kg}; r = 0{,}50 \text{ m})$ greift nach Skizze eine Kraft an. Diese Kraft nimmt linear mit der Zeit von 0 auf 100 N in 3 s zu und geht in weiteren 2 s wieder linear auf Null. Zu bestimmen sind die Geschwindigkeit nach 5 s und die auf der Auflage wirkende Tangentialkraft am Rohr.

Abb. A 6 - 67

A 6 - 68 Eine homogene Walze der Masse m rollt nach Skizze von Ruhe aus an einem aufgewickelten Faden ab. Zu bestimmen sind die Geschwindigkeit nach der Zeit t und der Fallstrecke H und die im Faden wirkende Kraft (allgemeine Lösung).

Abb. A 6 - 68

A 6 - 69 Um eine homogene Walze von der Masse m ist ein Faden aufgewickelt. Wie schnell und mit welcher Kraft muß an dem Faden gezogen werden, damit die Walze eine konstante Höhe beibehält? (Allgemeine Lösung).

Abb. A 6 - 69

A 6 - 70 Ein homogener Reifen (d = 0,8 m) wird in der Luft mit ω_0 = 10 s^{-1} in Drehung versetzt und fällt dann auf eine Unterlage (μ= 0,2). Wie lange dauert es, bis der Reifen ohne zu gleiten rollt, und mit welcher Geschwindigkeit rollt er nach dieser Zeit?

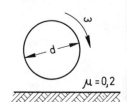

Abb. A 6 - 70

A 6 - 71 Ein Band läuft mit u = 2,0 m/s. Eine Kugel wird draufgesetzt. Die Reibungszahl ist μ. In allgemeiner Form sind zu bestimmen:
a) die Zeit bis die Kugel ohne zu gleiten rollt,
b) die Geschwindigkeit, mit der sich die Kugel nach dieser Zeit mitbewegt.

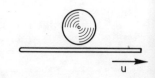

Abb. A 6 - 71

A 6 - 72 Ein homogener Balken (m = 10 kg) liegt auf einer reibungsfreien Unterlage. Eine Kraft F = 10 N greift für eine Zeitdauer von 0,1 s an. Wie groß sind nach dieser Zeit die Geschwindigkeiten der Balkenenden A und B? (Hinweis: aus Impulssatz v_s und ω und daraus momentanen Drehpol).

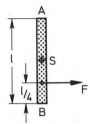

Abb. A 6 - 72

A 6 - 73 Eine homogene Walze (m = 100 kg; r = 0,25 m) und eine Gegenmasse gleicher Größe sind nach Skizze über ein Seil miteinander verbunden. Für den Fall, daß die Bewegung von Ruhe ausgeht, sind zu bestimmen:
a) die Beschleunigung,
b) die Geschwindigkeit nach t = 3,0 s,
c) die Seilkraft S,
d) die Kraft F_t, die tangential am Berührungspunkt an der Walze angreift.

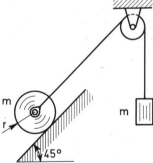

Abb. A 6 - 73

A 6 - 74 Ein Balken (m = 30 kg) rollt auf 2 Walzen (je m = 10 kg) mit v_o = 3,0 m/s. Es greift entgegengesetzt die Bremskraft F = 100 N an. Zu bestimmen sind:
a) die Zeit bis zum Stillstand,
b) die Tangentialkraft die unten insgesamt an den Walzen angreift.

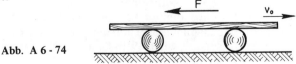

Abb. A 6 - 74

A 6 - 75 Am Ende einer homogenen Stange ist drehbar eine homogene Walze gelagert, die am Umfang abrollt. Das System wird von Ruhe aus mit dem Moment M = 10 Nm in Bewegung gesetzt. Für die nachfolgend gegebenen Daten sind zu bestimmen:
a) Winkelgeschwindigkeit der Stange nach 2,0 s,
b) Geschwindigkeit der Walze nach 2,0 s,
c) die Kraft im Gelenk B,
d) die Tangentialkraft an der Walze in der Berührungsstelle.
Stangenmasse 6,0 kg; Walzenmasse 2,0 kg; R = 0,50 m; r = 0,1 m.
(Modell für ein beschleunigtes Planetengetriebe).

Abb. A 6 - 75

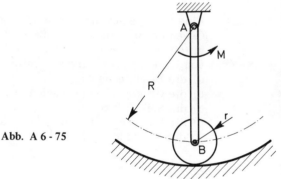

Der exzentrische Stoß (6. 3. 6)

A 6 - 76 Eine homogene Stange der Länge l = 1,20 m mit einem Gummipuffer im Abstand r = 2/3 l dreht sich nach Skizze um ein Gelenk und schlägt mit dem Puffer auf eine Unterlage. Unmittelbar vor dem Aufschlag beträgt die Winkelgeschwindigkeit ω = 4,95 s^{-1}. Wie groß ist die Winkelgeschwindigkeit nach dem Zurückprallen, wenn k = 0,7 geschätzt wird? Wie ändert sich dieser Wert mit dem Abstand r?

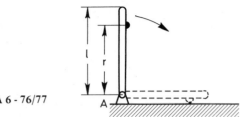

Abb. A 6 - 76/77

A 6 - 77 In welchem Abstand r muß der Gummipuffer an der skizzierten Stange angebracht werden, damit beim Aufprall kein Stoß auf das Gelenk ausgeübt wird?

A 6 - 78 Das Pendel A 6-41 soll als Schlagpendel z. B. in einer Maschine zur Prüfung der Kerbschlagzähigkeit verwendet werden. In welchem Abstand von A muß der Schlag erfolgen, damit dabei im Gelenk kein Stoß auftritt?

A 6 - 79 Ein homogener Balken ist im Schwerpunkt drehbar gelagert und befindet sich in Ruhe. Im Abstand $1/3\, l$ vom Drehpunkt schlägt ein Geschoß mit der Geschwindigkeit v ein und bleibt im Balken stecken. Aus der einsetzenden Drehung des Balkens (ω) ist in allgemeiner Form die Geschoßgeschwindigkeit zu berechnen.

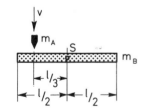

Abb. A 6 - 79

A 6 - 80 Ein homogener Stab fällt in horizontaler Lage und schlägt unelastisch mit der Geschwindigkeit v_1 nach Skizze auf eine Kante. Zu bestimmen sind in allgemeiner Form Schwerpunktsgeschwindigkeit und Winkelgeschwindigkeit des Stabes nach dem Stoß. (Hinweis: Gewichtskraft ≪ Stoßkraft).

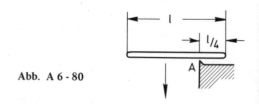

Abb. A 6 - 80

A 6 - 81 Ein homogener Würfel fährt eine schiefe Ebene herab und stößt dabei nach Skizze auf einen festen Widerstand. Zu bestimmen ist in allgemeiner Form die Winkelgeschwindigkeit der einsetzenden Drehung. (Hinweis: Gewichtskraft ≪ Stoßkraft).

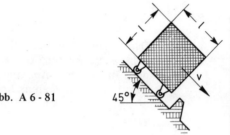

Abb. A 6 - 81

A 6 - 82 Eine am ganzen Umfang gezahnte Walze rollt mit $v_1 = 2,0$ m/s gegen eine Wand. Die Stoßzahl ist $k = 0,5$. Zu bestimmen ist die Geschwindigkeit mit der die Walze zurückrollt. Das Ergebnis ist am Beispiel 2 Seite 157 des Lehrbuches zu kontrollieren. Wie groß sind die mittleren Kräfte an der Wand und in Tangentialrichtung an der Verzahnung, wenn die Stoßdauer 0,03 s beträgt und die Walze 10 kg wiegt?

Abb. A 6 - 82

A 6 - 83 Eine homogene Kugel ($r = 5$ cm) liegt auf einer ideal glatten, horizontalen Unterlage. In welchem Abstand von der Unterlage muß die Kugel in horizontaler Richtung gestoßen werden, damit sie ohne zu gleiten rollt?

Das Kreiselmoment (6.3.7)

A 6-84 Ein Verstellmotor rotiert mit $\omega = 314\ s^{-1}$ auf einer Scheibe, die sich mit $\omega = 30\ s^{-1}$ dreht (s. Skizze). Der Anker des Motors wiegt 1,0 kg, sein Trägheitsradius ist i = 2,0 cm. Der Lagerabstand beträgt 100 mm. Welche zusätzliche Lagerbelastung entsteht durch das Kreiselmoment?

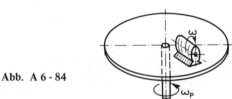

Abb. A 6-84

A 6-85 Ein Schiff fährt mit v = 12 m/s einen Kreisbogen mit dem Radius r = 600 m. Die Schiffsturbine, deren Achse parallel zur Längsachse des Schiffes liegt, hat eine Drehzahl von 6000 min^{-1}. Der Rotor der Turbine wiegt 1200 kg und hat einen Trägheitsradius von 0,40 m. Wie groß ist das von den Turbinenlagern aufzunehmende Kreiselmoment?

A 6-86 Ein Rührer nach A 6-45 rotiert nach Skizze um seine Symmetrieachse mit $\omega = 100\ s^{-1}$. Gleichzeitig erfolgt eine Drehung um die y-Achse mit $\omega = 10\ s^{-1}$. Zu bestimmen ist die zusätzliche Lagerbelastung durch das Kreiselmoment.

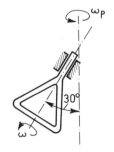

Abb. A 6-86

7. Das Prinzip von d'Alembert

Der Massenpunkt bei geradliniger Bewegung (7.1.1)

A 7-1 Über eine leichte Rolle, die reibungslos gelagert ist, liegt ein Seil. Für die 3 skizzierten Anordnungen sind die Seilkraft, Gelenkkraft F , Beschleunigung und Geschwindigkeit nach 1,0 m zu bestimmen. Die Bewegung erfolgt von Ruhe aus.

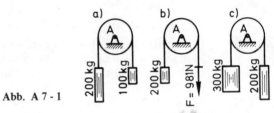

Abb. A 7-1

A 7-2 Ein Block (m = 100 kg) liegt auf einer Unterlage, für die die Reibungszahl μ = 0,2 geschätzt wird. Es greift nach Skizze eine Kraft an. Zu bestimmen ist die Größe dieser Kraft, wenn die Beschleunigung nach rechts 0,3 g betragen soll.

Abb. A 7-2

A 7-3 Das skizzierte System besteht aus einem Waagebalken, an dessen Enden eine Masse bzw. eine reibungslose, leichte Rolle mit Massen hängt. Die beiden Massen A und D sind gleich (10 kg). Wie groß muß die Masse B sein, damit der Waagebalken bei freier Bewegung der Massen horizontal bleibt?

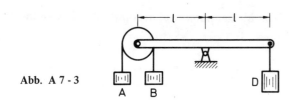

Abb. A 7 - 3

A 7 - 4 Das System besteht aus 2 leichten, reibungslos gelagerten Rollen, den 2 gleichen Massen und 2 Seilen, die jeweils über eine Rolle gelegt sind. Das ganze System wird durch die Feder mit 400 N vorgespannt. An der oberen Rolle greift ein Moment M = 50 Nm an. Für die nachfolgend gegebenen Werte sind die Beschleunigung und die Kräfte in den Seilabschnitten 1 bis 4 zu bestimmen. m = 50 kg; r = 0,20 m.

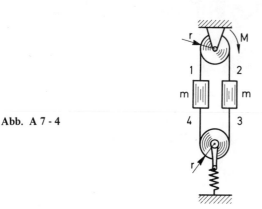

Abb. A 7 - 4

A 7 - 5 Auf Seite 36 des Lehrbuches ist in einem Beispiel die Beschleunigung eines bei Luftwiderstand fallenden Körpers gegeben:

$a = g(1 - kv^2)$

Die Richtigkeit dieser Beziehung ist zu beweisen (Hinweis: Widerstand proportional v^2).

A 7 - 6 - 13 Die Aufgaben A 6-1 bis 8 sind nach dem d Alembertschen Prinzip zu lösen.

Der Massenpunkt bei krummliniger Bewegung (7.1.2)

A 7 - 14   Ein Trichter (Öffnungswinkel 90°) ist nach Skizze drehbar gelagert. Im Abstand r = 0,5 m liegt eine Masse m auf der Trichterwand, für die eine Reibungszahl von μ = 0,5 geschätzt wird. In welchem Bereich müssen die Drehzahlen liegen, wenn die Masse weder nach innen noch nach außen gleiten soll?

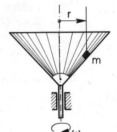

Abb. A 7 - 14

A 7 - 15   Ein Kegelpendel (l = 1,1 m) läuft mit einer Geschwindigkeit v = 2,4 m/s um. Zu bestimmen sind Fadenkraft und Öffnungswinkel δ für m = 1,5 kg.

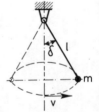

Abb. A 7 - 15

A 7 - 16   Eine Masse (m = 200 kg) ist nach Skizze von 2 Seilen gehalten. Das Seil 2 reißt. Zu bestimmen sind die einsetzende Beschleunigung der Masse und die Seilkraft 1 unmittelbar nach dem Reißen.

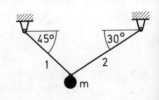

Abb. A 7 - 16

A 7 - 17 Ein Massenpunkt gleitet reibungsfrei von der Position A (Ruhe) eine Kreisbahn herab (s. Skizze). Zu bestimmen ist die Lage (φ_0) des Punktes B, in dem sich die Masse von der Bahn löst.

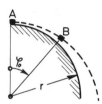

Abb. A 7 - 17

A 7 - 18 Eine Scheibe rotiert nach Skizze mit $\omega = 0,3\ s^{-1}$. Eine Masse (m = 50 kg) bewegt sich a) gleichsinnig b) entgegengesetzt mit v = 5,0 m/s relativ zur Scheibe im Abstand von 10 m von der Drehachse. Für beide Fälle ist die Fliehkraft zu bestimmen.

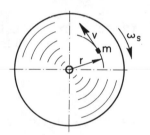

Abb. A 7 - 18

A 7 - 19 Ein Erdsatellit bewegt sich mit 6000 m/s und beschreibt dabei eine Kreisbahn. In welcher Höhe kreist der Satellit (Hinweis: Erdbeschleunigung nimmt quadratisch mit der Höhe ab; Erdradius 6370 km).

A 7 - 20 Für einen erdnahen Satelliten auf einer Kreisbahn ist die Umlaufzeit T in Abhängigkeit von der Flughöhe h zu bestimmen. (s Hinweis A 7-19).

A 7 - 21 Welchen Abstand von der Erde muß ein Satellit haben, der in bezug auf die Erdoberfläche eine gleichbleibende Position beibehalten soll? (Hinweis s. A 7-19).

A 7 - 22 Der zur Mondforschung eingesetzte Satellit Orbiter 5 beschrieb eine elliptische Bahn, wobei der minimale Abstand von der Mondoberfläche 100 km, der maximale Abstand 1500 km betrug. Zu bestimmen sind die Umlaufzeit T und die radiale Beschleunigung a_r in Abhängigkeit vom Abstand r vom Mondmittelpunkt (Hinweis: Mondradius 1740 km; Mondbeschleunigung 0,16 g mit dem Quadrat des Abstandes abnehmend; Krümmungsradius an der Hauptachse der Ellipse $\varrho = b^2/a$; siehe A 3-16 mit Angaben in Lösung.)

Die Corioliskraft (7.1.3)

A 7 - 23 Durch das Rohr A 4-71 fließt ein Wasserstrom von 10 l/s. Wie groß ist das durch die Corioliskräfte verursachte Moment, das bei der Drehung aufgebracht werden muß?

A 7 - 24 Gegeben ist ein System nach A 4-63. Die Muffe (m = 10 kg) befindet sich im Abstand r = 0,50 m und gleitet mit v = 2,0 m/s nach innen, während sich der Stab entgegengesetzt Uhrzeigersinn mit $\omega = 5\ s^{-1}$ dreht. Welche Kraft übt die Muffe in Umfangsrichtung auf die Stange aus?

A 7 - 25 Die Gleichung A 3-14 beschreibt die Bewegung der Muffe A 4-63, wobei sich die Stange entgegengesetzt Uhrzeigersinn verzögert dreht, und die Muffe von innen nach außen beschleunigt gleitet (das begründe der Leser). Für eine Muffenmasse von 20 kg ist die in Umfangsrichtung auf die Stange ausgeübte Trägheitskraft nach t = 4,0 s zu bestimmen.

A 7 - 26 Ein Fluß, der ca. 100 m breit ist, fließt mit einer mittleren Geschwindigkeit von 3,0 m/s nach Norden. Welche Höhendifferenz der Spiegel an den beiden Ufern ergibt sich auf dem 60. Breitengrad durch die Corioliskräfte?

Die Schiebung des starren Körpers (7.2.1)

A 7 - 27 Eine Folie liegt zwischen 2 Blöcken von je 10 kg Masse. Für die Oberflächenreibung Folie-Block wird eine Reibungszahl von $\mu = 0{,}2$ geschätzt. Welche Kraft ist notwendig, um die Folie herauszuziehen, wenn
a) das System in Ruhe ist,
b) das System im freien Fall ist.

Abb. A 7 - 27

A 7 - 28 Der PKW von Seite 178 des Lehrbuches wird von 50 km/h bis zum Stillstand gebremst. Die Reibungszahl beträgt $\mu = 0{,}4$. Zu bestimmen ist der Bremsweg (nach Ansprechen der Bremsen), wenn
a) alle Räder,
b) nur die Hinterräder (z.B. mit Handbremse) gebremst werden.

A 7 - 29 Auf der Ladefläche eines LKW liegt eine Kiste mit dem Seitenverhältnis h/b = 2 und dem Schwerpunkt im Schnittpunkt der Raumdiagonalen. Die Reibungszahl Reifen-Straße beträgt $\mu = 0{,}5$, Kiste-Unterlage $\mu = 0{,}3$. Mit welcher Verzögerung darf maximal gebremst werden, wenn die Reifen nicht rutschen und die Kiste weder gleiten noch kippen soll?

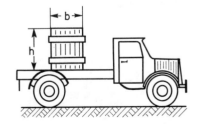

Abb. A 7 - 29

A 7 - 30 Auf einer Unterlage, die mit Reibung ($\mu = 0{,}2$) eine schiefe Ebene frei heruntergleitet, steht ein homogener Block der Höhe $h = 1{,}0$ m. Welche Basisbreite b muß er mindestens haben, damit er dabei nicht umkippt? (Skizze)

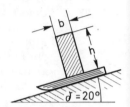

Abb. A 7 - 30

A 7 - 31 Das skizzierte System steht senkrecht und besteht aus der homogenen Stange AB und den gleich schweren Gleitklötzen. Insgesamt wiegt es 20 kg. Die Verschiebung soll reibungsfrei erfolgen. Welche Beschleunigung erteilt eine Kraft $F = 300$ N dem System und wie groß sind dabei die in A und B wirkenden Kräfte?

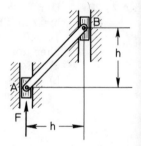

Abb. A 7 - 31/32

A 7 - 32 Wie A 7-31, jedoch mit Reibung $\mu = 0{,}2$ in den Führungen.

A 7 - 33 Eine homogene Walze von 100 kg Masse liegt auf einer horizontalen Unterlage ($\mu = 0{,}3$). Im Abstand $h = 1/2\,r$ von unten greift eine Kraft F an. Wie groß muß sie sein und welche Beschleunigung verursacht sie, wenn keine Drehung eingeleitet werden soll?

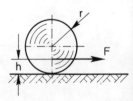

Abb. A 7 - 33

A 7 - 34   Die skizzierte Masse gleitet frei auf den Bolzen A und B reibungsfrei in den kreisförmigen Schlitzen. In der gegebenen Position ist die Gleitgeschwindigkeit v. In allgemeiner Form sind die Auflagerreaktionen in A und B und die tangentiale Beschleunigung zu ermitteln.

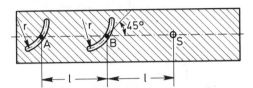

Abb. A 7 - 34

A 7 - 35   Das skizzierte System besteht aus den beiden Massen (m = 100 kg) und den leichten Verbindungsstäben. Es wird nach rechts mit 1/2 g beschleunigt. Zu bestimmen sind die Gelenkkräfte in A B D.

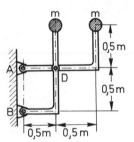

Abb. A 7 - 35

A 7 - 36   Das skizzierte System wird mit 1/2 g nach rechts beschleunigt. Die Stäbe A D und B D sind aus gleichem, homogenen Werkstoff hergestellt und haben gleichen Querschnitt. Der Stab B D wiegt 100 kg. Zu bestimmen sind die Gelenkkräfte in A B D.

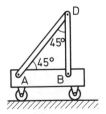

Abb. A 7 - 36

Die Drehung eines starren Körpers um seine Hauptachsen (7.2.2)

A 7 - 37 Für das Beispiel 1 auf Seite 181 des Lehrbuches sind die Seilkräfte zu bestimmen. m = 20 kg.

A 7 - 38 Drei rotierende Massen sind nach Skizze kraftschlüssig miteinander verbunden. Am Zahnritzel I greift ein Moment von M = 90 Nm an. Für die nachfolgend gegebenen Werte sind die Winkelbeschleunigungen aller Massen und die Umfangskräfte zu bestimmen.

$J_I \approx 0$ $J_{II} = 40$ kgm² $J_{III} = 80$ kgm²
$r_I = 10$ cm $r_{II} = 40$ cm $r_{III} = 80$ cm

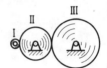

Abb. A 7 - 38

A 7 - 39 Mit der skizzierten Anordnung ist es möglich, Trägheitsmomente rotierender Massen zu bestimmen. Dabei kann man die Beschleunigung der Masse m z.B. durch eine Zeitmessung für eine bestimmte Strecke ermitteln. Der Einfluß der konstant angenommenen Lagerreibung kann durch Wiederholung des Versuches mit einer anderen Masse eliminiert werden. Es ist eine allgemeine Gleichung für J abzuleiten, in der die beiden Massen und deren Beschleunigungen, jedoch nicht die Lagerreibung enthalten sind.

Abb. A 7 - 39

Drehung um Achsen, die parallel zu den Hauptachsen liegen

A 7 - 40 Eine Walze mit rotationssymmetrischer Massenverteilung liegt auf 3 in der Anordnung gleichen Rollenpaaren auf. Das mittlere Rollenpaar (Skizze) liegt unter dem Schwerpunkt, ist verzahnt und greift in eine an der Walze angebrachte Verzahnung ein. An der Rolle B greift ein Moment im eingezeichneten Sinn an. Welche Größe darf es nicht überschreiten, wenn die Walze nicht von der Rolle A abheben soll?
Rolle r = 5,0 cm; Walze r = 50 cm; m = 500 kg.

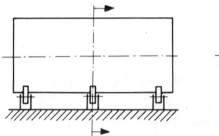
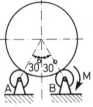

Abb. A 7 - 40

A 7 - 41 Mit der Bremse A 6-53 wird ein Maschinensatz J = 11 kgm² abgebremst. Nach wieviel Umdrehungen und nach welcher Zeit kommt er zur Ruhe? ω_o = 100 s^{-1}

A 7 - 42 - 48 Die Aufgaben A 6-52 bis 58 sind nach dem d Alembertschen Prinzip zu lösen.

A 7 - 49 Der Maschinensatz von A 4-13 hat ein Trägheitsmoment von J = 78 kgm². Zu bestimmen ist die Zahlenwertgleichung M = f(n) für das bremsende Moment.

Drehung um Achsen, die parallel zu den Hauptachsen liegen (7.2.3)

A 7 - 50 Die skizzierte, homogene Platte wiegt 10 kg und rotiert um die Achse BB mit ω = 10 s^{-1}. Zu bestimmen ist die durch die Rotation zusätzlich verursachte Lagerkraft.

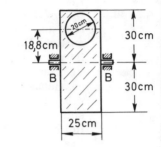

Abb. A 7 - 50

A 7 - 51 Eine Kreisscheibe (m = 200 kg) ist ohne Winkelfehler, d. h. genau senkrecht auf einer Welle aufgeschrumpft. Unmittelbar neben der Scheibe ist ein Lager, dessen Belastung meßbar ist. Die vom Lager aufgenommene Kraft schwankt bei der Drehzahl $\omega = 100\ s^{-1}$ zwischen den Werten von 2,024 kN und 1,90 kN. Um welchen Betrag liegt der Schwerpunkt der Scheibe exzentrisch?

A 7 - 52 Ein homogener gerader Stab ist am Ende gehalten und rotiert um eine Achse, die senkrecht zum Stab ist. Zu bestimmen ist durch die Rotation im Stab verursachte Spannung σ in Abhängigkeit von Abstand x von der Drehachse.

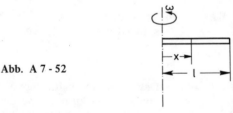

Abb. A 7 - 52

A 7 - 53 Ein homogener Stab (Masse m) ist in A gelenkig gelagert und hängt frei herunter. Es greift nach Skizze eine Kraft F an. Zu bestimmen sind in allgemeiner Form die Auflagerreaktionen in A unmittelbar nach dem Kraftangriff und die Winkelbeschleunigung des Stabes.

Abb. A 7 - 53

A 7 - 54 Das Pendel A 6-41 befindet sich in dem skizzierten Schwingungszustand. Dafür sind die Auflagerreaktionen in A zu bestimmen.

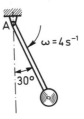

Abb. A 7 - 54

A 7 - 55 Die homogene Platte von A 6-39 ist nach Skizze gelagert. Die Stütze B versagt. Zu bestimmen sind die Auflagerreaktionen in A unmittelbar nach dem Bruch von B und die Winkelbeschleunigung der einsetzenden Drehung.

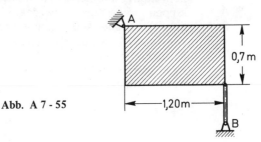

Abb. A 7 - 55

Die allgemeine Bewegung des starren Körpers (7.2.4)

A 7 - 56 - 59 Die Aufgaben A 6-68/69/73/75 sind nach dem d'Alembertschen Prinzip zu lösen.

A 7 - 60 Der Balken von A 4-50 wiegt 100 kg. Er wird an den beiden Seilen herabgelassen. Die einsetzende Bremsung beider Seile ist ungleichmäßig, so daß sich folgende Seilkräfte ergeben $S_A = 0{,}60$ kN; $S_B = 0{,}70$ kN. Es sind die Verzögerung des Balkenschwerpunktes und die Winkelbeschleunigung zu berechnen.

A 7 - 61 Eine homogene Walze von 100 kg Masse wird nach Skizze mit einer Platte geschoben. Für die Berührungsstellen A und B wird eine Reibungszahl von $\mu = 0,1$ geschätzt. Ist die Kraft F zu groß, dann wird die Walze in B gleiten. Wie groß darf die Kraft F maximal werden, wenn die Walze in B ohne zu gleiten rollen soll? Wie hoch ist dabei die Beschleunigung der Walze?

Abb. A 7 - 61

A 7 - 62 Ein Wagen fährt mit konstanter Geschwindigkeit durch eine überhöhte Kurve mit dem Krümmungsradius r (siehe Skizze). In allgemeiner Form sind die Bedingungen für das Umkippen in der Kurve bzw. das Weggleiten aus der Kurve abzuleiten. Dabei soll angenommen werden, daß sich die Vorder- und Hinterräder gleich verhalten. Wegen des Trägheitskräftepaares in der Ebene parallel zur Straße ist das nicht ganz richtig. Es gilt jedoch mit guter Näherung in weiten Kurven.

Abb. A 7 - 62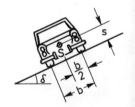

Die Drehung um Achsen, die mit den Hauptachsen einen Winkel bilden
(7.2.5)

A 7 - 63 Der Autoreifen A 6-46 läuft nicht ausgewuchtet mit $v = 140$ km/h. Zu bestimmen ist das dabei durch die Unwuchten verursachte Moment.

A 7 - 64 Die Turbinenscheibe A 6-47 rotiert mit $\omega = 1000\ s^{-1}$. Zu bestimmen ist die durch den Winkelfehler verursachte zusätzliche Lagerbelastung.

A 7 - 65 Die skizzierte Scheibe mit der Eigenmassen von $10\ kg/m^2$ rotiert mit $\omega = 10\ s^{-1}$ um die Achse AA. Zu bestimmen ist das durch die Rotation verursachte Zentrifugalmoment.

Abb. A 7 - 65

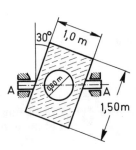

A 7 - 66 Das skizzierte System besteht aus dem rotierenden, vertikalen Stab, der über ein reibungsfreies Gelenk A mit einem zweiten, homogenen Stab der Länge 1 verbunden ist. Bei genügend hoher Winkelgeschwindigkeit beschreibt dieser einen Kegelmantel. Zu bestimmen ist in allgemeiner Form der halbe Kegelwinkel δ in Abhängigkeit von ω und die minimale notwendige Winkelgeschwindigkeit.

Abb. A 7 - 66

8. Die Energie

Die Anwendung des Energiesatzes auf den Massenpunkt (8.1 bis 8.3)

A 8 - 1 - 8 Die Aufgaben A 6-1 bis 8 sind mit dem Energiesatz zu lösen.

A 8 - 9 - 11 Die Lösungen der Aufgaben A 4-5 bis 7 sind mit Hilfe des Leistungsbegriffes zu kontrollieren.

A 8 - 12 Für das System Abb. 2-5 im Lehrbuch S. 25 ist unter Vernachlässigung der Reibung die Hubleistung zu bestimmen.
m_A = 200 kg; m_B = 50 kg; v_A = 1,5 m/s.

A 8 - 13 Der Motor des Hubwerkes A 2-17 nimmt eine Leistung von 40 kW auf. Mit welcher konstanten Geschwindigkeit wird die Last etwa gehoben?
m_A = 3 000 kg; m_B = 1 000 kg; Reibung vernachlässigbar.

A 8 - 14 Der Motor des Hubwerkes A 2-17 nimmt eine Leistung von 40 kW auf. Dabei werden die beiden Lasten (m_A = 3000 kg, m_B = 1 000 kg) mit v = 1 m/s bewegt. Unter Vernachlässigung der Trägheitsmomente und der Reibung ist die Beschleunigung der Lasten zu bestimmen.

A 8 - 15 Die skizzierte Masse (m = 100 kg) wird durch eine parallel bleibende Kraft F = 800 N mit konstanter Geschwindigkeit auf der schiefen Ebene bewegt. Dabei überwindet sie in t = 2 s eine Höhendifferenz von 4,0 m. Zu bestimmen sind die Leistung und die Reibungszahl.

Die Anwendung des Energiesatzes auf den Massenpunkt   95

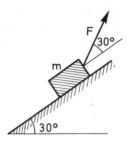

Abb. A 8 - 15

A 8 - 16   Ein Wagen der Masse m wird von Ruhe aus reibungsfrei nach Skizze auf der schiefen Ebene mit einer konstanten Kraft F gezogen. Welchen Weg s hat der Wagen zurückgelegt, wenn er die Geschwindigkeit v erreicht hat?

Abb. A 8 - 16/17

A 8 - 17   Wie A 8-16, jedoch ist die angreifende Kraft nicht konstant. Sie steigt linear von Null in Abhängigkeit vom Weg bis zum Maximalwert und sinkt linear bei Erreichen von v (d.h. nach dem Weg s) auf den Wert Null zurück.

A 8 - 18   Eine Masse m rutscht reibungsfrei eine Abwurframpe herunter und beschreibt eine Wurfparabel nach Skizze. Zu bestimmen ist der Abstand Δy des Scheitelpunktes der Parabel von der Ausgangshöhe in Abhängigkeit von der Höhe h und dem Wurfwinkel δ.

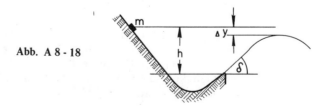

Abb. A 8 - 18

A 8 - 19 Eine Masse gleitet reibungsfrei von Ruhe aus die skizzierte Bahn herunter. Für h = 1,0 m ist der Radius r so zu bestimmen, daß die Masse gerade in keinem Punkt von der Unterlage abhebt.

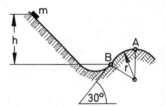

Abb. A 8 - 19

A 8 - 20 Eine Last (m = 6000 kg) wird mit der Geschwindigkeit v = 1,5 m/s an einem Seil herabgelassen. Eine Feder soll nach Skizze eingebaut werden, so daß beim plötzlichen Blockieren der Seiltrommel die maximale Seilkraft das 1,5 fache des Lastgewichtes nicht überschreitet. Für diese Bedingung ist die Federkonstante zu bestimmen. (Hinweis: die Federkonstante des Seiles soll nicht berücksichtigt werden, weil die Federwirkung auch bei kurzem Seil gewährleistet sein muß).

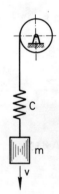

Abb. A 8 - 20

A 8 - 21 In dem abgebildeten System gleitet die Muffe m (m = 10 kg) von Ruhe aus von der Position 1 mit einer konstanten Reibungskraft von 50 N nach unten. Zu bestimmen ist die Geschwindigkeit in der Position 2, wenn in 1 die Feder gerade ungespannt ist. c = 1 N/mm.

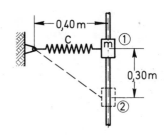

Abb. A 8 - 21

A 8 - 22 Das skizzierte Pendel wird von $\varphi = 0$ aus fallen gelassen. Zu bestimmen ist die Geschwindigkeit bei $\varphi = 90°$, für den Fall, daß die Feder bei $\varphi = 0°$ ungespannt ist.
$m = 10$ kg; $c = 1,0$ N/mm.

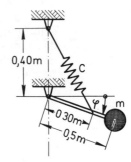

Abb. A 8 - 22

A 8 - 23 Ein Wagen ($m = 12$ kg) wird von einer um 4,0 cm vorgespannten Feder ($c = 1,5$ N/mm) abgestoßen. Zu bestimmen sind für den reibungsfreien Fall
a) die Beschleunigungen nach 0; 2; 4 cm,
b) die von der Feder insgesamt geleistete Arbeit,
c) die Geschwindigkeit nach dem Abstoßen.

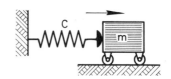

Abb. A 8 - 23

A 8 - 24 Ein PKW ($m = 1000$ kg) fährt frontal mit $v = 150$ km/h auf ein unnachgiebiges Hindernis. Für die nachfolgend gemachten Annahmen sollen maximal wirkende Kraft und Stoßdauer geschätzt werden.
1. Der Wagen deformiert sich beim Stoß um 2,0 m,

2. die Kraft ändert sich in erster Näherung linear dem Weg,
3. die Kraft nähert sich in erster Näherung auch linear mit der Zeit. (Bedingung 2. und 3. stimmen nicht genau überein).

A 8 - 25 Für den Beschleunigungsversuch von Beispiel 1, Seite 40 im Lehrbuch ist die Beschleunigungsleistung über der Zeit aufzutragen. $m = 1200$ kg.

A 8 - 26 Der Luftwiderstand eines PKW nach dem in A 6-9 beschriebenen Versuch zu $F_W = 4,8 \cdot 10^{-4} \, v^2$ (F in kN; v in m/s) ermittelt. Als Erfahrungssatz gilt, daß bei 120 km/h Fahrgeschwindigkeit 80% der Motorleistung für die Überwindung des Luftwiderstandes (ruhende Luft) gebraucht werden. Der untersuchte Wagen hat eine installierte Motorleistung von 50 kW. Welche Beschleunigung hat er bei einer Geschwindigkeit von 120 km/h auf horizontaler Straße und bei Windstille? $m = 1000$ kg.

A 8 - 27 Wie ändert sich die kinetische Energie zwischen den Zuständen 1 und 2 im Versuch A 6-61. Warum ist der Ansatz kinetische Energie = konst für die Lösung dieser Aufgabe falsch?

A 8 - 28 Eine Masse läuft reibungslos nach Skizze auf einer Kreisbahn mit der Geschwindigkeit v_1. Im Fall a) wird sie von einem Faden auf der Bahn gehalten, der durch eine Plattenöffnung nach innen gezogen wird, im Fall b) wickelt sich der Faden auf einem dünnen Stab auf. Zu bestimmen sind für a) und b) die Geschwindigkeit, die Änderung der Energie und des Dralls, wenn sich der Abstand zum Zentrum auf die Hälfte verringert hat.

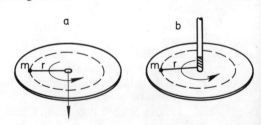

Abb. A 8 - 28

Die Energie des kontinuierlichen Massenstroms (8.4)

A 8 - 29 Die für den Vortrieb eines Flugzeuges nutzbare Leistung ist S · u (S = Schubkraft, u = Fluggeschwindigkeit). Die im Propellerstrahl hinter dem Flugzeug vorhandene Energie ist für den Antrieb als Verlust anzusehen. Aus diesen Überlegungen ist zu beweisen, daß der Vortriebswirkungsgrad

$$\eta = \frac{2u}{u+v}$$

ist (v = Luftgeschwindigkeit im Propellerstrahl relativ zum Flugzeug).

A 8 - 30 Die Leistung eines Propellerstrahles von 2,0 m Durchmesser mit einer Luftgeschwindigkeit von v = 100 m/s ist für eine Dichte der Luft ρ = 1,2 kg/m³ zu bestimmen.

A 8 - 31 Aus dem skizzierten Behälter läuft durch die Mündung d Wasser frei aus. Durch einen Zufluß wird der Flüssigkeitsspiegel konstant gehalten. Unter Vernachlässigung der Verluste ist die Höhe h des Spiegels im Standglas in Abhängigkeit von H; D und d zu bestimmen.

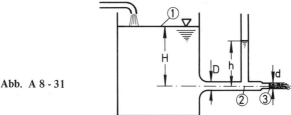

Abb. A 8 - 31

A 8 - 32 Abzuleiten ist die Gleichung für die Ausflußgeschwindigkeit v aus der Öffnung eines Behälters, die um H unter dem Flüssigkeitsspiegel liegt. Auf dem Flüssigkeitsspiegel lastet ein Gasüberdruck p.

Die Drehung des starren Körpers (8.5.2)

A 8-33 Ein Maschinensatz mit dem Massenträgheitsmoment $J = 70$ kgm² wird über eine Zahnraduntersetzung 1 : 10 mit $M = 50$ Nm am kleineren Zahnrad angetrieben. In wieviel Umdrehungen wird der Maschinensatz von $\omega = 50$ s^{-1} auf $\omega = 100$ s^{-1} beschleunigt?

A 8-34 Mit der Bremse A 6-53 wird ein Maschinensatz mit dem Massenträgheitsmoment $J = 27{,}45$ kgm² von $\omega = 100$ s^{-1} bis zum Stillstand abgebremst. Zu bestimmen sind die Anzahl der Umdrehungen während der Bremsung und die Zeit.

A 8-35-38 Die Aufgaben A 6-52/54/55/58 sind mit dem Energiesatz zu lösen.

A 8-39 Der homogene Stab A 6-76 (m = 10 kg; l = 1,2 m) fällt von der skizzierten Position aus auf die horizontale Unterlage. Die Stoßzahl des Puffers, der im Abstand 2/3 l angebracht ist, wird zu 0,7 geschätzt. Auf welche Höhe springt der Stab zurück (Schwerpunktlage)? Wie groß ist der Stoßverlust?

A 8-40 Eine homogene Scheibe (r = 0,30 m; m = 100 kg) rotiert mit $\omega = 10$ s^{-1}. Durch die einrastende Feder soll sie auf einen Weg am Umfang von s = 5,0 cm zum Stehen gebracht werden (s. Skizze). Zu bestimmen sind die dafür notwendige Federkonstante und die beim Abbremsen maximal auftretende Kraft.

Abb. A 8-40

A 8 - 41   Für das Beispiel 3 auf Seite 143 des Lehrbuches ist der Energieverlust während des Gleitens zu berechnen.

A 8 - 42   Zwei Massen, die nach A 6-60 mit unterschiedlichen Drehzahlen frei umlaufen, werden gekuppelt. In allgemeiner Form ist der dabei auftretende Energieverlust zu berechnen.

Die allgemeine Bewegung des starren Körpers (8.5.3)

A 8 - 43/44   Die Aufgaben 6-68/69 sind mit dem Energiesatz zu lösen.

A 8 - 45   Das System A 6-73 besteht aus einer homogenen Walze ($m = 100$ kg; $r = 0,25$ m) und einer Gegenmasse gleicher Größe, die über ein Seil miteinander verbunden sind. Die Bewegung geht von Ruhe aus. Zu bestimmen sind für Rollen ohne zu gleiten und ohne Reibungsverluste die Geschwindigkeit und Beschleunigung nach $s = 2,0$ m und die im Seil wirkende Kraft.

A 8 - 46   Das System A 6-74 besteht aus einem Balken ($m = 30$ kg), der auf zwei homogenen Walzen (je $m = 10$ kg) mit $v_o = 3,0$ m/s rollt. Mit einer Kraft von $F = 100$ N wird das System bis zum Stillstand abgebremst. Zu bestimmen sind Bremsweg und -zeit.

A 8 - 47   Für den fallenden Stab A 6-80 ist in Abhängigkeit von m und v_1 der Stoßverlust zu berechnen.

A 8 - 48   Für den herunterrollenden Wagen A 6-81 ist der beim Aufprall auftretende Stoßverlust in Abhängigkeit von m und v_1 zu berechnen.

A 8 - 49 Der homogene Stab AB (m = 20 kg) ist nach Skizze auf einer vertikalen und einer horizontalen Schiene reibungslos gelagert. Aus der Position 1, in der die Feder c = 1 N/mm um 1 m vorgespannt ist, wird der Stab losgelassen. Für die Position 2 sind die Winkelgeschwindigkeit des Stabes und die Geschwindigkeit der Punkte A und B zu bestimmen.

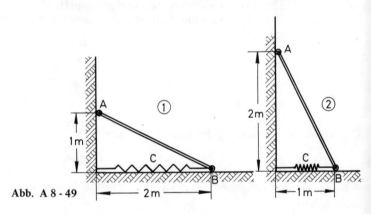

Abb. A 8 - 49

A 8 - 50 Eine homogene Halbkugel wird in der Position 1 losgelassen (Skizze). Zu bestimmen sind in allgemeiner Form für die Position 2 die Winkelgeschwindigkeit ω, die Schwerpunktsgeschwindigkeit v_s und die Auflagerkraft.

$r_s = \frac{3}{8} r$.

Abb. A 8 - 50

A 8 - 51 Zwei homogene Stangen, aus gleichem Material gefertigt, sind nach Skizze im Gelenk B verbunden. Sie werden in der Position 1 losgelassen. Für vernachlässigbare Reibung sind die Winkelgeschwindigkeiten beider Stangen und die Schwerpunktsgeschwindigkeit der Stange AB für die Position 2 in allgemeiner Form zu bestimmen.

Die allgemeine Bewegung des starren Körpers 103

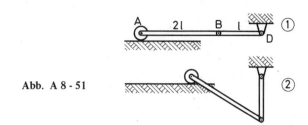

Abb. A 8 - 51

A 8 - 52 Für den skizzierten homogenen Stab, der in A reibungslos gelagert ist, ist die Abmessung x so zu bestimmen, daß beim Loslassen aus der horizontalen Lage die Winkelgeschwindigkeit in vertikaler Position ein Maximum ist.

Abb. A 8 - 52

A 8 - 53 Das skizzierte System besteht aus der homogenen Scheibe (m = 20 kg; r = 0,5 m) und dem homogenen Stab (m = 10 kg; l = 1,0 m), die in B miteinander verbunden sind. Das System klappt reibungslos um 180° um. Für diese Lage ist die Winkelgeschwindigkeit zu bestimmen, wenn
a) in B Stange und Scheibe starr verbunden sind,
b) in B ein reibungsloses Lager ist.

Abb. A 8 - 53

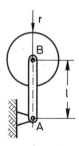

9. Mechanische Schwingungen

Hinweis : Falls nichts gegenteiliges in den Aufgaben formuliert ist, sind die Massen der Federn wesentlich kleiner als die der Schwinger. Zur Berücksichtigung der Federmasse siehe Lehrbuch Seite 243 ff und 284 ff.

Freie, ungedämpfte Schwingungen (9.1)

A 9-1 Die Eigenfrequenz des skizzierten Systems ist für die nachfolgend gegebenen Daten zu bestimmen. $c = 120$ N/mm; $m = 100$ kg; Blattfeder: $l = 2,0$ m; $E = 2 \cdot 10^5$ N/mm^2; $I = 10$ cm^4.

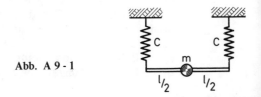

Abb. A 9-1

A 9-2 Die Eigenfrequenz und die Schwingungszeit des skizzierten Systems sind zu bestimmen. $c_1 = 20$ N/mm; $c_2 = 30$ N/mm $m = 100$ kg.

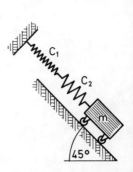

Abb. A 9-2

A 9 - 3 Die Eigenfrequenz des skizzierten Systems ist in allgemeiner Form zu bestimmen.

Abb. A 9 - 3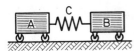

A 9 - 4 Die Aufgabe A 8-20 soll als Schwingungsproblem gelöst werden.

A 9 - 5 Das System besteht aus der Muffe m, die reibungslos auf der Stange gleitet und der Feder c, die mit der Kraft S_o vorgespannt ist. Für kleine Schwingungsamplituden A ist die Eigenfrequenz abzuleiten. (Hinweis: Für kleine Amplituden Federkraft = konst = S_o. System freimachen, Schwingungsgleichung aufstellen).

Abb. A 9 - 5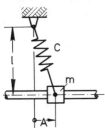

A 9 - 6 Eine Masse m = 10 kg liegt auf einer vertikalen Feder c = 4 N/mm. Um welchen Betrag e_{max} darf die Masse maximal herunter gedrückt werden, wenn nach dem Loslassen eine harmonische Bewegung erfolgen soll?

A 9 - 7 Für eine harmonische Schwingung sind folgende Werte bekannt: v_{max} = 0,2 m/s; a_{max} = 4 m/s². Zu bestimmen sind Eigenfrequenz und Amplitude.

A 9 - 8 Für ein Feder-Masse-System sind weder die Federkonstante noch die Größe der Masse bekannt. Jedoch kann z. B. über eine Zeitmessung die Eigenfrequenz f_1 bestimmt werden. Es wird an der Masse A eine bekannte Zusatzmasse B befestigt und für das so geänderte System die Eigenfrequenz f_2 gemessen. Es sind Gleichungen aufzustellen, die aus den bekannten Größen die Berechnung von m_A und c gestatten.

A 9 - 9 Ein mathematisches Pendel und ein Feder-Masse-System befinden sich in einem Fahrstuhl, der
a) mit a nach oben beschleunigt,
b) mit a nach oben verzögert wird.
Zu bestimmen sind in allgemeiner Form die Eigenkreisfrequenzen.

A 9 - 10 Für ein mathematisches Pendel der Länge l = 1,0 m, das mit dem Amplitudenwinkel von φ = 5° schwingt, sind maximale Geschwindigkeit und Beschleunigung zu bestimmen.

A 9 - 11 Für das skizzierte System ist in allgemeiner Form die Eigenkreisfrequenz für kleine Amplituden zu bestimmen.

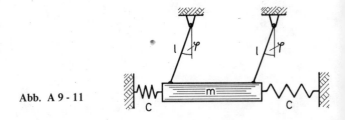

Abb. A 9 - 11

A 9 - 12 Für das skizzierte System sind für die nachfolgend gegebenen Daten die Eigenkreisfrequenz, die maximale Beschleunigung und maximale Geschwindigkeit zu bestimmen.
m = 10 kg; c = 100 N/mm; Amplitude A = 1,0 cm. Die Querstange kann als starr und leicht angesehen werden.

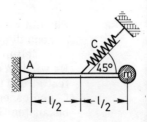

Abb. A 9 - 12

A 9 - 13 Das System besteht aus der homogenen Stange der Masse m, die an den Enden reibungslos in den senkrecht zueinander stehenden Schienen geführt wird. An einem Ende ist die Feder c befestigt. Zu bestimmen ist in allgemeiner Form die Eigenkreisfrequenz für kleine Amplituden. (Hinweis: Drehung um momentanen Drehpol).

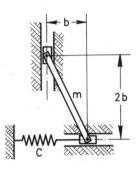

Abb. A 9 - 13

A 9 - 14 Das skizzierte System besteht aus einer homogenen Walze, die auf einer schiefen Ebene liegt, und der Feder c. Zunächst wird die Walze so festgehalten, daß die Feder entspannt ist. Aus dieser Lage wird die Walze losgelassen, und es setzt eine Schwingung ein, bei der die Walze ohne zu gleiten rollt. Zu bestimmen sind für die nachfolgend gegebenen Daten:
a) die Amplitude A,
b) die Eigenkreisfrequenz,
c) die maximale Geschwindigkeit und Beschleunigung,
d) die minimale Reibungszahl μ für Rollen ohne zu gleiten. (Hinweis: im ausgeschwungenen Zustand frei machen).
m = 10 kg; r = 0,10 m; c = 1 N/mm.

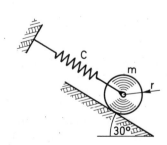

Abb. A 9 - 14

A 9 - 15 Das skizzierte System besteht aus dem homogenen Balken, der in B drehbar gelagert ist, und den beiden Federn. Zu bestimmen sind für die nachfolgend gegebenen Daten:
a) die Eigenkreisfrequenz,
b) die zusätzlich durch die Schwingung verursachten Lagerkräfte in B, wenn sich der Balken im durchgeschwungenen Zustand mit einer Amplitude von A = 2 cm nach unten am rechten Ende befindet.
c) die zusätzlich durch die Schwingung verursachten Lagerkräfte, wenn der Balken durch die Nullage schwingt (Skizze).
m = 20 kg; c_1 = 40 N/mm; c_2 = 30 N/mm.

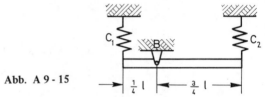

Abb. A 9 - 15

A 9 - 16 Eine Platte A von bekanntem Trägheitsmoment hängt an einem Torsionsdraht (s. Skizze). Die Eigenkreisfrequenz für Verdrehung wird mit ω_A bestimmt. Auf die Platte wird zentriert eine Masse B mit unbekanntem Trägheitsmoment gelegt. Für dieses System wird eine Frequenz von ω_B gemessen. Es ist eine Gleichung aufzustellen, aus der J_B berechnet werden kann.

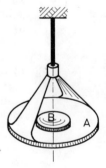

Abb. A 9 - 16

A 9 - 17 Eine Masse m ist an 3 Fäden gleicher Länge so aufgehängt, daß die Aufhängepunkte im gleichen Abstand r vom Schwerpunkt liegen. Es werden nach Skizze Schwingungen kleiner Amplitude angefacht und es wird die Schwingungszeit gemessen. Es soll eine Gleichung für die Berechnung von J_S aufgestellt werden.

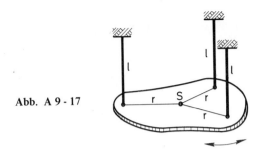

Abb. A 9 - 17

A 9 - 18 Es soll das unbekannte Massenträgheitsmoment des skizzierten Winkels A für die Drehachse bestimmt werden. Dazu wird der Winkel im Abstand l mit 2 gleichen Federn unbekannter Federkonstante federnd gelagert. Für dieses System wird die Schwingungszeit, bzw. die Eigenfrequenz f_1 gemessen. Dann wird im Abstand r eine bekannte Masse B befestigt. Für dieses System beträgt die Eigenfrequenz f_2. In allgemeiner Form ist J_A zu bestimmen.

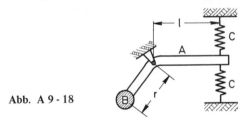

Abb. A 9 - 18

A 9 - 19 Für einen Maschinensatz soll das Massenträgheitsmoment für die Drehachse bestimmt werden. Dazu wird im Abstand von r = 0,9 m eine Masse von 20 kg befestigt. Mit dieser Masse führt der Maschinensatz eine Pendelung kleiner Amplitude mit einer Schwingungszeit von T = 4,8 s aus. Aus diesen Werten ist J unter Vernachlässigung der Lagerreibung zu berechnen.

A 9 - 20 Für das skizzierte System ist die Eigenkreisfrequenz zu bestimmen. Dabei sollen
a) die homogene Walze mit dem homogenen Stab durch ein reibungsloses Lager,
b) Stange und Walze fest verbunden sein.
m_A = 30 kg; m_B = 15 kg; l = 1,2 m; r = 0,30 m; c = 4,0 N/mm.

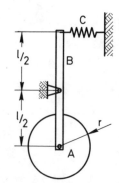

Abb. A 9 - 20

A 9 - 21 Für das skizzierte Pleuel (m = 0,80 kg) sollen durch einen Pendelversuch die Lage des Schwerpunktes, die Größe des Massenträgheitsmomentes bezogen auf die Schwerpunktachse und der Trägheitsradius für die Schwerpunktachse bestimmt werden. Dazu wird das Pleuel einmal auf die Schneide B, einmal auf die Schneide D gehängt, in Schwingungen versetzt und die Zeiten gemessen. Es ergeben sich folgende Kreisfrequenzen:
$\omega_B = 8{,}05 \text{ s}^{-1}$; $\omega_D = 7{,}58 \text{ s}^{-1}$.

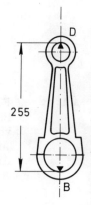

Abb. A 9 - 21

A 9 - 22 Ein homogener Stab BD ist in B gelagert und hängt frei herunter. Der Bolzen D gleitet im Schlitz eines zweiten homogenen Stabes DE, der in H gelagert ist. Beide Stäbe haben gleiche Masse. Unter Vernachlässigung von Reibungskräften ist für l = 1,0 m die Eigenfrequenz der Pendelung mit kleinen Amplituden zu bestimmen.

Die geschwindigkeitsproportionale gedämpfte Schwingung

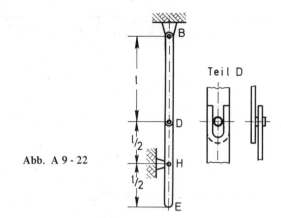

Abb. A 9 - 22

Die geschwindigkeitsproportionale gedämpfte Schwingung (9.2)

A 9 - 23 Ein Feder-Masse-System ist geschwindigkeitsproportional gedämpft. Die Anfangsamplitude von y_1 = 10 cm klingt nach 10 Vollschwingungen auf den halben Wert ab. Für m = 10 kg und c = 0,825 N/mm sind zu bestimmen:
die Abklingkonstante δ, die Kreisfrequenzen ω_D und ω_o, die Dämpfungskonstante b, der Dämpfungsgrad ϑ und das logarithmische Dekrement Λ.

A 9 - 24 Ein Feder-Masse-System ist mit einem Stoßdämpfer gedämpft. Für m = 200 kg und c = 40 N/mm liegt gerade kritische Dämpfung vor. Zu bestimmen ist die Dämpfungskraft für eine Geschwindigkeit von v = 5,0 m/s. Auf welchen Wert muß die Federkonstante geändert werden, wenn bei einer Zunahme der Masse um 30% die Dämpfung kritisch bleiben soll?

9. Mechanische Schwingungen

A 9 - 25 Ein Öldämpfer erzeugt bei Bewegung mit einer Geschwindigkeit von v = 3,0 m/s eine Dämpfungskraft von 1,20 kN. Dieser Dämpfer wird benutzt, um ein Feder-Masse-System zu dämpfen. Es sind m = 50 kg; c = 10 N/mm. Die Masse wird von der statischen Ruhelage um 5,0 cm ausgelenkt und ohne Anfangsgeschwindigkeit losgelassen. Um welchen Betrag schwingt sie über die statische Ruhelage hinaus?

Die erzwungene Schwingung (9.3)

A 9 - 26 Ein Motor ist mit der Fundamentplatte (Gesamtmasse 400 kg) auf 4 Federn gelagert (je Feder c = 250 N/mm). Eine Schwingung ist nur in Vertikalrichtung möglich. Der Rotor (m = 100 kg) ist gewuchtet. Man kann deshalb von einer Schwerpunktsverlagerung von $5 \cdot 10^{-3}$ mm ausgehen. Der Dämpfungsgrad ϑ einer Stahlfeder beträgt etwa 10^{-2}. Zu bestimmen sind:
a) die kritische Drehzahl,
b) die maximale Amplitude, wenn der Motor langsam hochgefahren wird,
c) die Amplitude für die Betriebsdrehzahl von 2900 min^{-1}.
d) Es ist zu untersuchen, welchen Anteil die Trägheitskräfte im Resonanzbereich und im Betrieb an der Lagerbelastung haben.

A 9 - 27 Durch einen Gleichgewichtsansatz am massenkrafterregten Feder-Masse-System ist zu beweisen, daß bei überkritischer Erregung nicht die volle Unwuchtkraft (= Fliehkraft) auf das Fundament übertragen wird, sondern daß dieser Unwuchtkraft die Trägheitskraft des Schwingers immer entgegenwirkt und nur der Anteil c · A (Federkonstante × Amplitude) von dem Fundament aufgenommen wird.

A 9 - 28 Für den Motor des Beispiels 2 Seite 278 im Lehrbuch sind für die Drehzahlen n = 361 min^{-1} und n = 390 min^{-1} die durch die Schwingung zusätzlich verursachten Lagerkräfte zu bestimmen. (Hinweis: im unterkritischen Bereich addieren sich Trägheits- und Unwuchtkraft, im überkritischen Bereich subtrahieren sich beide, siehe dazu A 9-27).

A 9 - 29 Auf einer Arbeitsbühne, die an 6 eingespannten Trägern aufgehängt ist, rotiert eine Masse von 1 kg an einem Hebelarm von 100 mm mit einer Drehzahl von 740 min^{-1}. Das Gesamtsystem hat eine Masse von 980 kg (einschließlich reduzierte Balkenmasse). Der Dämpfungsgrad wird zu 0,01 geschätzt. Die Stahlträger haben ein Flächenträgheitsmoment von je 800 cm^4. Zu bestimmen sind:

a) Resonanzdrehzahl und die Amplitude für diese,
b) Amplitude für n = 740 min^{-1}.

Die Hängebühne ist als starr anzusehen.

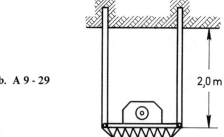

Abb. A 9 - 29

A 9 - 30 Eine Welle rotiert mit ω_1 = 30 s^{-1}. Dabei wird eine Amplitude von A_1 = 0,1 mm gemessen. Bei ω_2 = 40 s^{-1} beträgt die Amplitude A_2 = 0,2 mm. Zu bestimmen ist die Eigenkreisfrequenz der Welle.

A 9 - 31 In einer Maschine, deren Gesamtmasse 300 kg beträgt rotiert ein 20 kg wiegender Exzenter mit n = 1500 min^{-1}. Die Exzentrizität beträgt 5 mm. Die auf das Maschinenfundament durch die Unwucht übertragene Kraft ist für den Fall zu berechnen, daß
a) die Maschine starr mit dem Fundament verbunden ist,
b) die Maschine auf einem Federpaket gelagert ist, dessen resultierende Federkonstante 50 N/mm beträgt.

Lösungen

Hinweis: Angegebene Seitenzahlen und Gleichungsnummern beziehen sich auf das Lehrbuch "Technische Mechanik" Band 3 vom gleichen Verfasser.

Kapitel 2

A 2-1 $t \approx 16.47$ Uhr $s = 89$ km

A 2-2 $t \approx 15.01$ Uhr $s = 36{,}6$ km von I

A 2-3   a) $\Delta v = 71{,}2$ km/h
        $\beta = 97{,}7°$ von Fahrtrichtung Wagen B aus gesehen.
        b) $s = 19{,}8 \cdot t$ $\dfrac{s \;|\; t}{m \;|\; sec}$
        c) $s = 0{,}198$ km

A 2-4   a) A hat nach 200 s genau 3 Runden zurückgelegt und befindet sich beim Überholen am Startplatz.
        b) Treffpunkt nach 40 s, nachdem A 240 m und B 160 m zurückgelegt haben.

A 2-5   a) $t = \dfrac{2s}{v_F}$
        b) $t = \dfrac{2s \cdot v_F}{v_F^2 - v_W^2} > \dfrac{2s}{v_F}$
        Das Flugzeug fliegt zwar die halbe Strecke, aber länger als die halbe Zeit mit verminderter Geschwindigkeit.

A 2-6 $t = 3{,}0$ s $h = 30{,}8$ m $\Delta v = 10{,}0$ m/s
        Stein A überholt B, beide bewegen sich nach unten.

Lösungen A 2-7 bis A 2-15

A 2-7 $v_o = 21,4 \text{ m/s}$

A 2-8 $v_o = 9,62 \text{ m/s}$

A 2-9 $s_B = 7 \text{ m}$

A 2-10   s. S. 30; $a_D = 0$ $v_D = 4,0 \text{ m/s} \uparrow$ $s_D = +10 \text{ m}$

A 2-11 $a_A + a_B < 2g$

A 2-12   s. S. 30; $a = 1 \text{ m/s}^2 \uparrow$ $v = 3 \text{ m/s} \uparrow$ $s = 4,5 \text{ m} \uparrow$

A 2-13 $a_m = \dfrac{v}{2 \cdot \Delta t}$

Abb. A 2-13

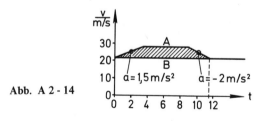

-- -- -- fliegender Start
———— stehender Start

A 2-14

Abb. A 2-14

Schraffierte Fläche $\hat{=}$ 20 + 20 + 5 = 45 m
t = 11,3 s
$S_A = 296 \text{ m}$ $s_B = 251 \text{ m}$

A 2-15 $v_A = 105 \text{ km/h}$ $v_B = 95 \text{ km/h}$

A 2-16

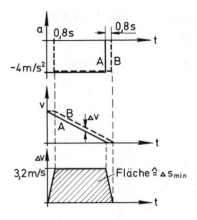

Abb. A 2-16

$\triangle s_{min} \approx 31{,}1$ m
$\triangle s = 20$ m $v_A = 44{,}3$ km/h $\triangle v = 11{,}5$ km/h
$\triangle s = 10$ m $v_A = 89{,}3$ km/h $\triangle v = 11{,}5$ km/h

A 2-17

$t = 4{,}47$ s $v = 2{,}24$ m/s $\triangle v = 4{,}47$ m/s

A 2-18

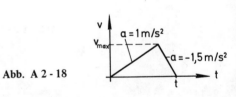

Abb. A 2-18

Fläche $\hat{=}$ h
$t_{min} = 5{,}78$ s $v_{max} = 3{,}46$ m/s

A 2-19

Für die ersten 3 s gilt $a = -\frac{1}{6}t + \frac{1}{2}$ $\rightarrow v \rightarrow s$
$t = 6{,}33$ s $v = 0{,}75$ m/s

A 2-20

$a = \frac{1}{2}t - 2$
$v = 0$ für $t = 4{,}0$ s

t / sec	a / m/sec²

$h = 5{,}33$ m

A 2-21   a) $a = -0,75 \cdot t + 3$

$v = -\dfrac{3}{8} t^2 + 3t + \dfrac{3}{8}$

$s = -\dfrac{1}{8} t^3 + \dfrac{3}{2} t^2 + \dfrac{3}{8} t$

t	s	v	a
sec	m	m/sec	m/sec²

b) $t = 8,12$ s $s = s_{max} \approx 35$ m
Beschleunigung zum Nullpunkt
c) $t = 12,25$ s $v = -19,1$ m/s
Beschleunigung vom Nullpunkt weg.

Abb. A 2-21

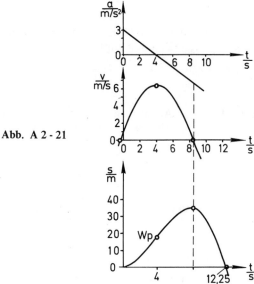

A 2-22   a) 0 - 6 s $a = \dfrac{2}{3} t$

$v = \dfrac{1}{3} t^2 + 8$

$s = \dfrac{1}{9} t^3 + 8 t$

t	s	v	a
sec	m	m/sec	m/sec²

6 - 10 s $a = 4$
$v = 4t - 4$
$s = 2t^2 - 4t + 24$

b) $a = 4,0$ m/s² $v = 36$ m/s $s = 184$ m
Beschleunigte Bewegung vom Nullpunkt weg.

A 2-23

a) Ansatz $a = k \cdot t$

$v = \dfrac{1}{2} k t^2$

$s = \dfrac{1}{6} k t^3$

Randbedingung $k = \dfrac{14}{3}$

$s = \dfrac{7}{9} t^3$

$v = \dfrac{7}{3} t^2$

$a = \dfrac{14}{3} t$

t	s	v	a
sec	m	m/sec	m/sec²

b) $s = 6{,}22$ m $v = 9{,}33$ m/s $a = 9{,}33$ m/s²

Beschleunigte Bewegung vom Nullpunkt weg.

A 2-24

a) Ansatz $a = k_1 \cdot t + k_2 \longrightarrow v(t) \longrightarrow s(t)$

Aus den Randbedingungen die beiden Integrationskonstanten und simultan k_1, k_2

$a = 28{,}5\,t - 24{,}5$

$v = 14{,}25\,t^2 - 24{,}5\,t + 8$

$s = 4{,}75\,t^3 - 12{,}25\,t^2 + 8\,t - 5$

t	s	v	a
sec	m	m/sec	m/sec²

b) $s = 37$ m $v = 62{,}75$ m/s $a = 61{,}0$ m/s²

A 2-25

Ansatz $a = a_0 - k \cdot \sqrt{t}$

$a = 4 - 0{,}73 \sqrt{t}$

$v = t(4 - 0{,}487 \sqrt{t})$

$s = t^2 (2 - 0{,}195 \sqrt{t})$

t	s	v	a
sec	m	m/sec	m/sec²

A 2-26

Der Punkt bewegt sich zunächst beschleunigt und dann verzögert vom 0-Punkt weg und kommt nach 20 s zur Ruhe.

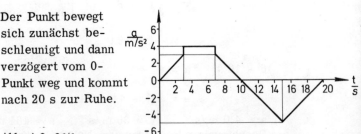

Abb. A 2-26/1

Lösungen A 2-27 bis A 2-28   119

Abb. A 2 - 26/2

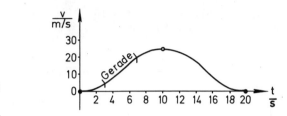

A 2-27   Der Punkt bewegt sich max 30 m vom 0-Punkt weg und kehrt zum 0-Punkt zurück.

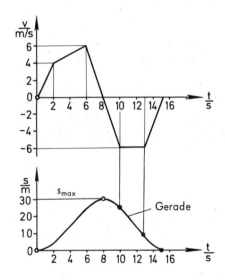

Abb. A 2 - 27

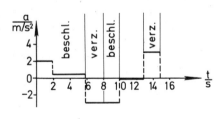

A 2-28   a) $a = -\frac{5}{4} \cdot t$

$v = -\frac{5}{8} t^2 + 10$

$s = -\frac{5}{24} t^3 + 10 t$

t	s	v	a
s	m	m/s	m/s²

b) $s = 26,7$ m $t = 4,0$ s

A 2-29 a) $v = t^2 - 8t + 15$
$a = 2t - 8$
b) 2 Umkehrpunkte
1. $t = 3\,s$ $s = 8{,}0\,m$ $a = -2\,m/s^2$ (zum Nullpunkt)
2. $t = 5\,s$ $s = 6{,}67\,m$ $a = +2\,m/s^2$ (vom Nullpunkt)

A 2-30 a) $y = h - (L - z)$
$z = \sqrt{h^2 + x^2}$
$L = 2h$
$x = \dfrac{a_x}{2} t^2$

$y = -h + \sqrt{h^2 + \dfrac{a_x^2}{4} t^4}$

$v_y = \dfrac{a_x^2\, t^3}{2\sqrt{h^2 + \dfrac{a_x^2}{4} t^4}}$

$a_y = \dfrac{a_x^4 \cdot t^6 + 12\, a_x^2\, t^2\, h^2}{8\left(h^2 + \dfrac{a_x^2}{4} t^4\right)^{3/2}}$

Abb. A 2-30

b) $y(t)$ nach t auflösen $t = 3{,}4\,s$

A 2-31 $y = 1{,}0\,m$ (siehe Skizze Lösung A 2-30)

$z^2 = x^2 + h^2 \longrightarrow 2z \cdot \dfrac{dz}{dt} = 2x\, \dfrac{dx}{dt} + 0$

$y = h - L + z \longrightarrow \dfrac{dy}{dt} = 0 - 0 + \dfrac{dz}{dt} = v_y$

Daraus $z \cdot v_y = x \cdot v_x$ ①
Diff. nach t

$\dfrac{dz}{dt} v_y + z \cdot a_y = \dfrac{dx}{dt} v_x + x \cdot a_x$

$v_y^2 + z \cdot a_y = v_x^2 + x \cdot a_x$ ②

Aus ① $v_y = 1{,}2\,m/s$
aus ② $a_y = 1{,}41\,m/s^2$

A 2-32

a) Seite 32 Fall 4 $v = 3 + 0.04\ s = \dfrac{ds}{dt}$

$s = 75\left(e^{\frac{t}{25}} - 1\right)$
$v = 3 \cdot e^{\frac{t}{25}}$
$a = 0.12 \cdot e^{\frac{t}{25}}$

t	s	v	a
sec	m	m/sec	m/sec²

b) $s = 36.9$ m $v = 4.48$ m/s $a = 0.179$ m/s²

c) $t = 21.2$ s

A 2-33

a) Seite 32 Fall 4 $v = 2.0 - \dfrac{4}{3}s = \dfrac{ds}{dt}$

$s = \dfrac{3}{2}\left(1 - e^{\frac{4}{3}t}\right)$

$v = 2.0\ e^{-\frac{4}{3}t}$
$a = -\dfrac{8}{3} e^{-\frac{4}{3}t}$

t	s	v	a
s	m	m/s	m/s²

b) $a_0 = -\dfrac{8}{3}$ m/s²

c) $t \longrightarrow \infty$

d) $t = 3.45$ s

A 2-34

Seite 32 Fall 6   Abb. A 2-34

$v = -k \cdot s + v_0$

$s = \dfrac{v_0}{k}\left(1 - e^{-k \cdot t}\right)$

$t \longrightarrow \infty$

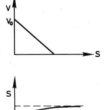

$v = v_0 \cdot e^{-kt}$

$a = -a_0 \cdot e^{-kt}$

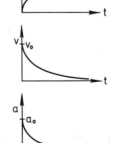

A 2-35 a) Seite 32 Fall 5 $\quad a = -0,05\, s + 3$

$v = \sqrt{6s - 0,05\, s^2}$

s	v
m	m/sec

b) $v_{max} = 13,4\text{ m/s}$ bei $s = 60\text{ m}$

c) $s = 120\text{ m}$

A 2-36 Seite 32 Fall 5

Schwingung: $a = -k \cdot s \qquad k = 120\, s^{-2}$

$a + k \cdot s = 0 \quad$ vergl. Gl. 9-3

$v = \sqrt{k(s_o^2 - s^2)} \qquad$ vergl. Gl. 9-8

$s = s_o \sin\sqrt{k} \cdot t \qquad$ vergl. Gl. 9-4

A 2-37 Seite 32 Fall 6 $\quad a = \dfrac{k}{v} \qquad$ günstiger Ansatz:

$a = \dfrac{30}{v} \qquad\qquad\qquad\qquad \dfrac{dv}{dt} = \dfrac{k}{v}$

$v = \sqrt{60\, t + 100} \qquad\qquad 2k \cdot t = v^2 - v_o^2;\ k = 30$

$a = \dfrac{30}{\sqrt{60\, t + 100}}$

t	s	v	a
sec	m	m/sec	m/sec²

$s = \dfrac{1}{90}[(60\, t + 100)^{3/2} - 1000]$

$v = \sqrt[3]{3\, k\, s + v_o^2}$

A 2-38 Seite 37 Fall 2

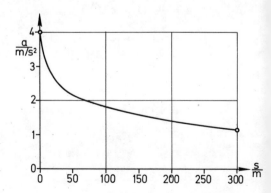

Abb. A 2-38/1

Abb. A 2 - 38/2
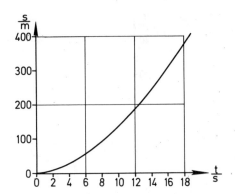

Abb. A 2 - 38/3
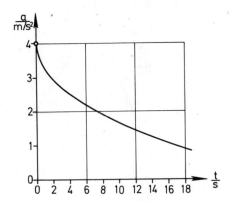

A 2-39   Seite 37 Fall 4

Abb. A 2 - 39/1
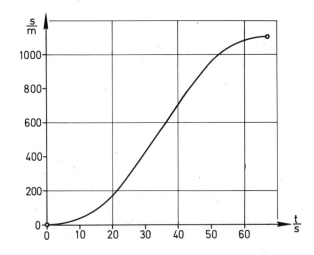

Abb. A 2 - 39/2

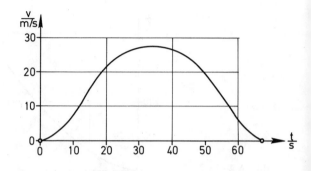

Abb A 2 - 39/3

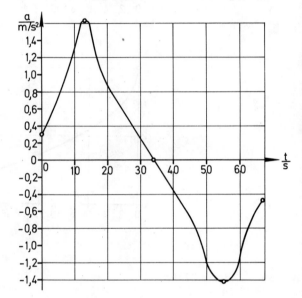

A 2-40   Seite 37 Fall 5

Abb. A 2 - 40/1

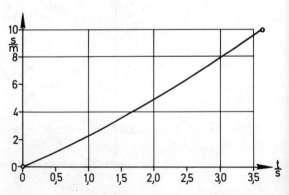

Abb. A 2 - 40/2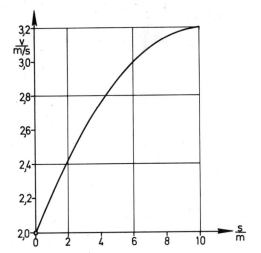

Abb. A 2 - 40/3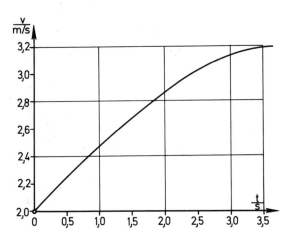

Abb. A 2 - 40/4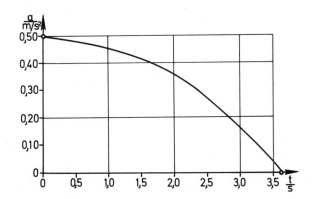

A 2-41   Seite 37 Fall 6

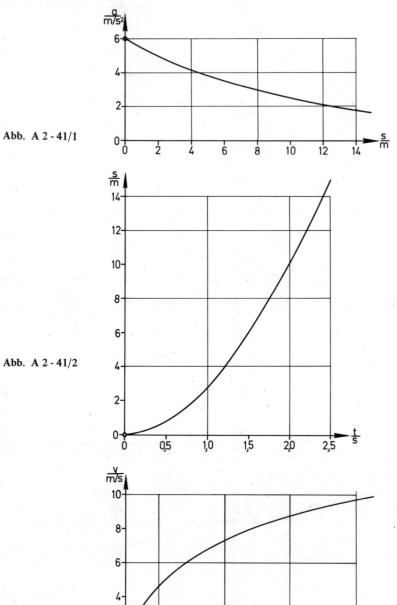

Abb. A 2 - 41/1

Abb. A 2 - 41/2

Abb. A 2 - 41/3

Lösung A 2-42   127

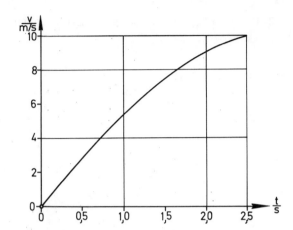

Abb. A 2 - 41/4

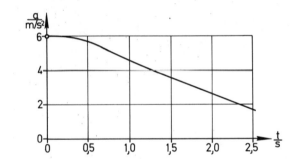

Abb. A 2 - 41/5

A 2-42

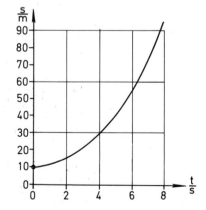

Abb. A 2 - 42

A 2-43 $a_{max} = -2{,}0$ m/s²   a-t-Flächen müssen gleich sein.

A 2-44   Gl. 2-10
a) $v_{max} = 17$ m/s   b) $s = 1207$ m
c) $t = 82$ s $v = 0$

A 2-45   a·t-Flächen bei $t = 12$ s   aneinanderlegen.
$s_{min} = 187$ m

Kapitel 3

A 3-1 $\delta_1 = 25{,}8°$ $\delta_2 = 64{,}2°$

A 3-2 $v_0 = 15{,}7 \text{ m/s}$

A 3-3 $v_0 \approx 15 \text{ m/s}$ $x = 45{,}9 \text{ m}$

A 3-4 $\delta \approx 40°$ $x = 46 \text{ m}$ $v = 31{,}8 \text{ m/s}$

A 3-5 $y = \frac{1}{2}t^2 + \frac{3}{2}t$ $x = \frac{1}{2}\sqrt{3}\,t^2 + \frac{3}{2}\sqrt{3}\,t$

$v_y = t + \frac{3}{2}$ $v_x = \sqrt{3}\,t + \frac{3}{2}\sqrt{3}$

Gl. 2-9 für x- und y-Richtung

$v_x = \sqrt{2\sqrt{3}\cdot x + \frac{27}{4}}$

$v_y = \sqrt{2y + \frac{9}{4}}$

t	s	v	a
sec	m	m/sec	m/sec²

A 3-6 $v_x = -r\cdot\omega\cdot\sin(\omega\cdot t)$ $v_y = r\cdot\omega\cdot\cos(\omega\cdot t)$

$a_x = -r\omega^2\cos(\omega\cdot t)$ $a_y = -r\omega^2\sin(\omega\cdot t)$

A 3-7 $v_x = -v\cdot\sin\varphi$ $v_y = v\cdot\cos\varphi$

$a_x = -\frac{v^2}{r}\cos\varphi$ $a_y = -\frac{v^2}{r}\sin\varphi$

A 3-8

$$v_y = -v_x \cdot \cot \varphi \qquad v = -\frac{v_x}{\sin \varphi}$$

$$a_y = \frac{dv_y}{d\varphi} \cdot \frac{d\varphi}{dt} \qquad \frac{d\varphi}{dt} = \omega = -\frac{v_x}{r \cdot \sin \varphi}$$

$$a_y = -\frac{v_x^2}{r} \cdot \frac{1}{\sin^3 \varphi}$$

Im Bereich kleiner Winkel φ ist diese Bewegung nicht realisierbar, da $v \to \infty$; $a_y \to \infty$.

A 3-9

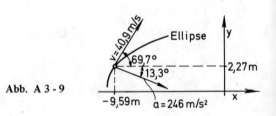

Abb. A 3-9

A 3-10

$$y = 2x^2 \qquad \begin{aligned} v_y &= v \sin \alpha \\ v_x &= v \cos \alpha \end{aligned}$$

Einführung von $\tan \alpha = y'$

$$v_x = \frac{2}{\sqrt{1 + 16x^2}}$$

$$v_y = \frac{4\sqrt{2y}}{\sqrt{1 + 8y}}$$

x	y	v	a
m	m	m/sec	m/sec²

$$a_x = \frac{dv_x}{dx} \cdot \frac{dx}{dt} = \frac{dv_x}{dx} \cdot v_x$$

$$a_x = -\frac{64 x}{(1 + 16 x^2)^2} \qquad a_y = \frac{16}{(1 + 8y)^2}$$

Im Punkt $x = 1 \quad y = 2 \quad \tan \alpha = m = 4$

$$\frac{a_y}{a_x} = -\frac{1}{4} = -\frac{1}{m}$$

A 3-11

$y = 2x^2$ Bahnkurve

$v_y = \dfrac{dy}{dx} \cdot \dfrac{dx}{dt} = 4x \cdot v_x = 4 \cdot v_x^2 \cdot t$

$v_y = 64\,t \qquad y = 32\,t^2 \qquad a_y = 64$

$v = \sqrt{v_x^2 + v_y^2} = 4\sqrt{1 + (16t)^2} = 4\sqrt{1 + 16x^2}$

$v_y = 8\sqrt{2y}$

$a_t = \dfrac{dv}{dx} \cdot \dfrac{dx}{dt} = \dfrac{dv}{dx} \cdot v_x = \dfrac{256\,x}{\sqrt{1 + 16x^2}}$

t	x	y	v	a
sec	m	m	m/sec	m/sec²

A 3-12

$v_x = r \cdot \omega\,(1 - \cos\omega t)$
$v_y = r \cdot \omega \sin\omega t$
$a_x = r \cdot \omega^2 \sin\omega t$
$a_y = r \cdot \omega^2 \cos\omega t$

A 3-13

Gl. 3-4 bis 8

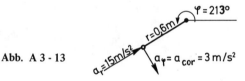

Abb. A 3 - 13

Bewegung entsteht, wenn auf rotierendem Stab eine Masse verschoben wird (s. A 4-63).

A 3-14

Gl. 3-4 bis 8
$a_\varphi = -0{,}20\,t^2 + 4\,t$
$a_r = 0{,}2 - 10\,t^2 + 0{,}8\,t^3 - 0{,}016\,t^4$
$a_{Cor} = -0{,}16\,t^2 + 4\,t$ siehe A 3-13

t	a
s	m/s²

A 3-15

$v_y = -\dfrac{1}{20} e^{-0{,}2t} (0{,}2 \cos 2t + 2\sin 2t)$

$a_y = -\dfrac{1}{20} e^{-0{,}2t} (3{,}96 \cos 2t - 0{,}8 \sin 2t)$

t	v	a
s	m/s	m/s²

A 3-16 Kepler: $\frac{dA}{dt}$ = konst; $dA = \frac{1}{2} r \cdot (r \cdot d\varphi)$

$$\frac{dA}{dt} = \frac{1}{2} r^2 \frac{d\varphi}{dt} = \frac{1}{2} r^2 \omega \qquad r^2 \cdot \omega = r \cdot v_\varphi = k = \text{konst} \quad (1)$$

Für 1 Umlaufbahn $\quad k = \frac{2A}{T} = \frac{2\pi ab}{T} \quad$ (2)

$r^2 \cdot \omega = k$ ableiten nach t (Produktenregel)
Vergleich mit Gl. 3-7 ergibt $a_\varphi = 0$
Gleichgewichtsbedingung im erdnahen Scheitel

$v_\varphi = \sqrt{\varsigma \cdot g} \qquad \varsigma$ Krümmungsradius $= \frac{b^2}{a}$

Abstand Brennpunkt - Scheitel $r = a - \sqrt{a^2 - b^2}$

Mit (1) und (2)

$$T = \frac{2\pi}{(1 - \sqrt{1 - (\frac{b}{a})^2})} \cdot \sqrt{\frac{a}{g}}$$

a_r nach Gl. 3-6. Dabei

$\dot{r} = \frac{dr}{d\varphi} \cdot \frac{d\varphi}{dt} \qquad \frac{d\varphi}{dt} = \omega = \frac{k}{r^2}$

Analog 2. Ableitung. Für r Ellipsengleichung

$$a_r = - \frac{k^2 \cdot a}{b^2 \cdot r^2} = -(a - \sqrt{a^2 - b^2})^2 \cdot g \cdot \frac{1}{r^2}$$

A 3-17 $a_x = -1{,}82 \text{ m/s}^2$
$a_y = -1{,}92 \text{ m/s}^2$
$a_n = 2{,}45 \text{ m/s}^2 \qquad$ Abb. A 3-17
$a = 2{,}65 \text{ m/s}^2$
$v = 3{,}5 \text{ m/s}$

A 3-18 Gl. 2-9 $\quad a_{ges} = 4{,}26 \text{ m/s}^2$

A 3-19 Gl. 2-9

Abb. A 3-19

A 3-20   Gl. 2-9

Vor Bremsung

Einsetzende Bremsung
$a_{max} = 4{,}06 \text{ m/s}^2$

Ende des Bremsvorganges

Abb. A 3 - 20

A 3-21 $a_t = -0{,}605 \text{ m/s}^2$

A 3-22

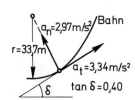

Abb. A 3 - 22

Kapitel 4

A 4-1
a) $\alpha = -20{,}9\ s^{-2}$
b) $a_t = -12{,}6\ m/s^2$ $\quad a_n = 4211\ m/s^2$
c) $z = 400$
d) $n = 2400\ min^{-1}$ $\quad n = 1600\ min^{-1}$

A 4-2 $\quad \omega = 4{,}6\ s^{-1} \quad \alpha = -7{,}06\ s^{-2}$
beschleunigte Drehung

A 4-3 $\quad a^2 = a_n^2 + a_t^2 = r^2\alpha^4 t^4 + r^2\alpha^2$
$t = 2{,}82\ s$

A 4-4
a) $s = 2{,}51\ m$ $\qquad$ b) Gl. 2-9
$\qquad\qquad\qquad\qquad\quad a = -1{,}79\ m/s^2$
c) AB: $\alpha = -8{,}95\ s^{-2}$; DE: $\alpha = -53{,}7\ s^{-2}$

A 4-5
a) $v_E = 3{,}0\ m/s \qquad a_E = -0{,}3\ m/s^2$
verzögerte Bewegung nach unten
b) AB: $\omega = 20\ s^{-1} \qquad \alpha = -2{,}0\ s^{-2}$
$\quad$ DE: $\omega = -12\ s^{-1} \qquad \alpha = +1{,}2\ s^{-2}$
verzögerte Drehung für beide Radblöcke

A 4-6 $\quad v_D = 15{,}0\ m/s \qquad a_D = 2{,}25\ m/s^2$
beschleunigte Bewegung nach links

A 4-7 $\quad v_A = \dfrac{\omega}{2}(R-r) \qquad a_A = \dfrac{\alpha}{2}(R-r)$

A 4-8 $\quad t = 5{,}53\ s \qquad n = 1306\ min^{-1}$

A 4-9 Fläche $\alpha - t \mathrel{\hat=} \omega$ $t = 3{,}0$ s
Gl. 2-10 (Analogie) $s = 1{,}5$ m

A 4-10 $z = 417$ Fläche $\omega - t \mathrel{\hat=} \varphi$

A 4-11 Fläche $\alpha - t \mathrel{\hat=} \omega$ $\omega_0 = 150$ s^{-1}
Gl. 2-10 (Analogie) $z = 191$

A 4-12 Ansatz $\alpha = \alpha_0 - k \cdot \sqrt{t} \longrightarrow t = 16$ s; $\alpha = 0$: $\alpha_0 = 4k$
$\omega = \int \alpha \cdot dt \longrightarrow \alpha = 58{,}9 - 14{,}7\sqrt{t}$
$\omega = 58{,}9\, t - 9{,}82\, t^{3/2}$
$z = 560$

t	ω	α
s	s^{-1}	s^{-2}

A 4-13 in Aufgabenstellung gegeben

Graphische Differentiation

Zugeordnete Werte werden im Diagramm aufgetragen

$\approx$ Quadratische Abhängigkeit:
$\alpha \approx -1{,}46 \cdot 10^{-4} \cdot \omega^2$

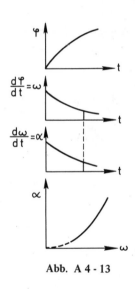

Abb. A 4-13

Umgebende Luft oder Flüssigkeit verursachen Bremsmomente, die quadratisch von der Drehzahl abhängen.

A 4-14 $v_B = \dfrac{b \cdot \omega}{\cos^2\varphi}$ $a_B = \dfrac{dv_B}{d\varphi} \cdot \dfrac{d\varphi}{dt} = \dfrac{dv_B}{d\varphi} \cdot \omega$

$a_B = \dfrac{2 b \omega^2}{\cos^3\varphi} \sin\varphi$

A 4-15 $\omega = \dfrac{v_B}{b} \cos^2\varphi \quad \alpha = \dfrac{d\omega}{d\varphi} \cdot \dfrac{d\varphi}{dt} = \dfrac{d\omega}{dt} \cdot \omega$

$\alpha = -2\left(\dfrac{v_B}{b}\right)^2 \sin\varphi \cdot \cos^3\varphi$

A 4-16 $\omega = \dfrac{v_B}{2b} = \text{konst} \quad \alpha = 0$

A 4-17 $v = 0{,}884 \text{ m/s} \quad \omega_{AB} = 0{,}975 \text{ s}^{-1}$

A 4-18 $\omega_{AB} = 2{,}44 \text{ s}^{-1} \circlearrowleft \quad \omega_{DB} = 13{,}3 \text{ s}^{-1} \circlearrowright$

A 4-19 $v = 0{,}413 \text{ m/s} \quad \omega_{AB} = 9{,}62 \text{ s}^{-1}$

A 4-20 A B D liegen in einer Linie
$\omega_{max} = 24{,}1 \text{ s}^{-1}$

A 4-21 $v_B = -v_A \cdot \tan\delta \quad \omega = \dfrac{v_A}{l \cdot \cos\delta}$

A 4-22 $v_A = 1{,}67 \text{ m/s}$
$\omega = 1{,}633 \text{ s}^{-1}$

Abb. A 4 - 22

A 4-23 $v_B = v_D = 0{,}40 \text{ m/s}$, da beide parallel.
Stab B D beschreibt Schiebung: $\omega_{BD} = 0$
$\omega_{AB} = 1{,}0 \text{ s}^{-1}$

A 4-24 $v_B = 4{,}24 \text{ m/s}$
$v_D = 3{,}0 \text{ m/s}$
$\omega_{BD} = 6{,}0 \text{ s}^{-1} \circlearrowright$
$\omega_{AB} = 24 \text{ s}^{-1} \circlearrowright$

Abb. A 4 - 24

A 4-25

Abb. A 4 - 25

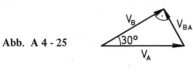
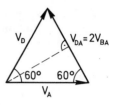

$v_D = 1,0$ m/s

$\omega = 1,0$ s^{-1} ↻

A 4-26 $v_B = 0,24$ m/s unter $30°$ nach unten

Abb. A 4 - 26

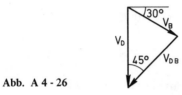

$v_D = 0,328$ m/s $v_E = 0,088$ m/s

$\omega_{DB} = 1,96$ s^{-1} $\omega_{EB} = 1,96$ s^{-1}

A 4-27 $v_{max} \approx e \cdot \omega \approx 1,05$ m/s

A 4-28 $v_B = 1,31$ m/s
$\delta = 23,4°$

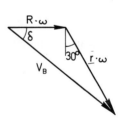

Abb. A 4 - 28

A 4-29 $v_B = 6,63$ m/s
$\delta = 16,3°$

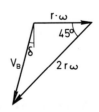

Abb. A 4 - 29

A 4-30

$v_D = v \quad v_A = r \cdot \omega - v \quad v_B = 2r \cdot \omega - v$
Richtungen horizontal

A 4-31

$v_M = 4{,}0$ m/s $\quad v_A = 0 \quad v_B = 8{,}0$ m/s

A 4-32

siehe A 4-30
$v_B = \omega_{AB}(R + r) = r \cdot \omega_B - R \cdot \omega_A$
$\omega_B = 85\ s^{-1} \circlearrowright$

A 4-33

siehe A 4-30
$v_B = r \cdot \omega_B - R \cdot \omega_A = 0{,}72$ m/s
$\omega_{AB} = +6{,}0\ s^{-1}$

A 4-34

Schnittpunkt der Normalen in A und B

A 4-35

Schnittpunkt der Normalen in A und B

A 4-36

M ∞ weit entfernt (AB ∥ ED): $v_D = v_B$

A 4-37

Schnittpunkt AB und DE

A 4-38

Schnittpunkt der Normalen in A und B

A 4-39

Schnittpunkt AB und Normale in D bzw. in E

A 4-40

Schnittpunkt OM und Normale in A:
M ∞ weit entfernt, $v_A = v_M$

A 4-41-42

Berührungspunkt

A 4-43

Lehrbuch Abb. 4-15c

A 4-44

Punkt A

A 4-45 Momentaner Drehpol s. Abb. 4-15c (Lehrbuch)

$v_A = 3{,}71$ m/s ⟶ $v_B = 2{,}98$ m/s ↗ 16,7° zur Vertikalen

$v_D = 2{,}0$ m/s ⟵ $v_E = 2{,}98$ m/s ↘ 16,7° zur Vertikalen

$v_M = 0{,}86$ m/s ⟶

A 4-46 $v_A = 1{,}28$ m/s
$v_B = 1{,}46$ m/s
$\omega_{AB} = 3{,}08$ s^{-1} ↻

Abb. A 4-46

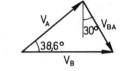

A 4-47 Seite 78

$$\frac{\omega_{AB}}{\omega_A} = \frac{r_A}{2(r_A + r_B)} \qquad \omega_B = \frac{r_A}{2 r_B} \omega_A$$

A 4-48 siehe A 4-45/47; Seite 78 und Abb. 4-15c.

Aus momentanen Drehpol v_B ⟶ $\omega_{AB} = \dfrac{v_B}{r_A + r_B}$

$$\omega_{AB} = \frac{\omega_A}{1 + \frac{r_B}{r_A}} \left[\frac{1}{2} - \frac{\omega_D}{\omega_A}\left(\frac{1}{2} + \frac{r_B}{r_A}\right)\right]$$

Die Vorzeichen gelten für unterschiedliche Drehrichtungen von A und D.

A 4-49 a) $e \cdot \alpha = a_A \qquad e = 0{,}5$ m von A
b) $a_S = 1{,}25$ m/s^2

A 4-50 $a_S = \dfrac{a_A + a_B}{2} \qquad \alpha = \dfrac{a_B - a_A}{l}$

A 4-51 siehe A 4-21

$$a_B = \frac{-v_A^2}{l \cdot \cos^3 \delta} \qquad \alpha = \left(\frac{v_A}{l}\right)^2 \frac{\sin \delta}{\cos^3 \delta}$$

$$\alpha = \frac{d\omega}{d\delta} \frac{d\delta}{dt} = \frac{d\omega}{d\delta} \cdot \omega$$

A 4-52 Seite 80 und A 4-21
$v_B = 1{,}155$ m/s↓ $\omega = 2{,}31$ s^{-1} ↻
$a_B = 5{,}58$ m/s^2↓ $\alpha = 1{,}92$ s^{-2} ↺

B bewegt sich beschleunigt nach unten, AB dreht sich beschleunigt entgegen Uhrzeigersinn.

A 4-53 siehe A 4-22
$a_A = 2{,}87$ m/s^2
$\alpha = 2{,}084$ s^{-2} ↻   Abb. A 4-53

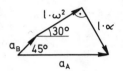

A 4-54 siehe A 4-22
ω ; α aus 4-22/53
$a_D = 10{,}46$ m/s^2 Abb. A 4-54

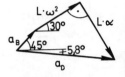

A 4-55 siehe A 4-23 und Seite 82

$\vec{a_B} = \vec{a_D} + \vec{a_{BDn}} + \vec{a_{BDt}}$

$\vec{a_D}$ setzt sich aus Normal- und Tangentialkomponente zusammen. Beide aus Aufgabenstellung berechenbar (0,8 m/s^2; 1,0 m/s^2).
Von $\vec{a_B}$ Normalkomponente mit A 4-23 berechenbar (0,4 m/s^2). Das Gleiche gilt für $a_{BDn} = 0$ ($\omega_{BD} = 0$).

$a_B = 1{,}46$ m/s^2 unter 16°
nach rechts unten

$\alpha_{AB} = \dfrac{a_{Bt}}{l_{AB}} = 3{,}5$ m/s^2

$\alpha_{BD} = 2{,}0$ s^{-2} beschl.

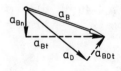

Abb. A 4-55

A 4-56 siehe A 4-24
$\alpha_E = 120$ s^{-2}

$\vec{a_B} = \vec{a_D} + \vec{a_{BDn}} + \vec{a_{BDt}}$

$\vec{a}_D$ aus α_E und ω_E (36 m/s²; 30 m/s²)

a_{Bn} aus ω_A (A 4-24; 102 m/s²)

a_{BDn} aus ω_{BD} (A 4-24; 18 m/s²)

a_B = 157 m/s² unter 40,6°
zur Horizontalen

α_{BD} = 384 s⁻²

α_A = 672 s⁻²

Abb. A 4 - 56

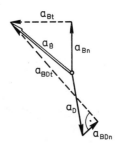

A 4-57   siehe A 4-25

Abb. A 4 - 57

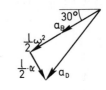

a_A = 0,577 m/s² ←
α = 0,577 s⁻² ↻
Verzögerte Drehung
und Schiebung

a_D = 1,53 m/s²
40,9° zur
Horizontalen

A 4-58 a_B = 1,82 m/s²

Abb. A 4 - 58

A 4-59   a = 135 m/s² zum Mittelpunkt der Scheibe gerichtet.

A 4-60   siehe A 4-52

a = 7,16 m/s² nach rechts unten
32,0° zur Vertikalen

Abb. A 4 - 60

A 4-61 $v_s = v_p \cdot \tan \delta$

A 4-62 $y = 0{,}05 \sin(40\,x)$ $\dfrac{y}{m} \Big| \dfrac{x}{m}$

A 4-63   Gl. 3-6/7
           $a_r = -12{,}5 \text{ m/s}^2$ immer zum Drehpunkt gerichtet
           $a_\varphi = a_{cor} = 20 \text{ m/s}^2$ gegenüber $\vec{v}$ um $90°$ im Sinn von ω gedreht.

A 4-64 $v_{rel} = 40{,}6 \text{ m/s}$ unter $76{,}8°$ zur Scheibe
           $v_n = 39{,}5 \text{ m/s}$

A 4-65 $v_f = 0{,}91 \text{ m/s} = v_2$

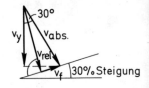

           Abb. A 4-65

A 4-66 $v_{rel} = v_{min} = 3{,}71 \text{ m/s}$
           $\delta = 38{,}7°$

           Abb. A 4-66

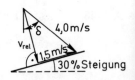

A 4-67 $v_{abs} = \sqrt{v_x^2 + v_y^2} = 3{,}81 \text{ m/s}$
           fast senkrecht auf Band

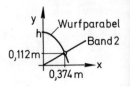

           $v_{rel} = 4{,}13 \text{ m/s}$
           $\delta = 6{,}1°$
           $\varphi = 67{,}2°$ Abb. A 4-67

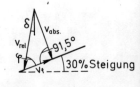

A 4-68 v_B = konst ⟶ a = 0 (s. A 4-15)

$a_{cor} = 2\, v_{Br} \cdot \omega$

$a_{cor} = 2\, \dfrac{v_B^2}{b} \sin\varphi \cdot \cos^2\varphi$

$a_{cor} = r \cdot \alpha$

Abb. A 4-68

$\dot r = v_r = v_B \cdot \sin\varphi \qquad \ddot r = \dfrac{dv_r}{d\varphi} \cdot \dfrac{d\varphi}{dt} = \dfrac{dv_r}{d\varphi} \cdot \omega$

$\ddot r = \dfrac{v_B^2}{b} \cos^3\varphi \qquad \ddot r = r \cdot \omega^2$

(Beschl. im Schlitz)

A 4-69 siehe A 4-17

$a_{fn} = 0{,}454\ \text{m/s}^2 = \dfrac{v_{Bu}^2}{r_{AB}}$

$a_{cor} = 2\, v_{Br} \cdot \omega_{AB} = 1{,}725\ \text{m/s}^2$

$a_B = a_{res} = r\,\omega^2 = 5\ \text{m/s}^2$ nach D gerichtet

Damit Beschleunigungspolygon zeichnen

$a_{rel} = \ddot r = 2{,}79\ \text{m/s}^2$
beschleunigte Bewegung

$\alpha = 12{,}8\ \text{s}^{-2}$ Abb. A 4-69
verzögerte Drehung

A 4-70 siehe A 4-18

$a_{fn} = \dfrac{v_{Bu}^2}{r_{AB}} = 1{,}305\ \text{m/s}^2$ oder $r_{AB}\,\omega_{AB}^2$

$a_{cor} = 2\, v_{Br} \cdot \omega_{AB} = 9{,}72\ \text{m/s}^2$; $a_{rel} = 0$ (v = konst)

$a_{Bn} = r_{BD} \cdot \omega_{BD}^2 = 27{,}5\ \text{m/s}^2$

Damit Beschleunigungspolygon zeichnen und mit a_{ft} und a_{Bt} schließen

$\alpha_{AB} = 176\ \text{s}^{-2}$ (verzögert)

$\alpha_{DB} = 56\ \text{s}^{-2}$ (verzögert)

$a = 28{,}9\ \text{m/s}^2$ unter 27,4° zur Vertikalen

Abb. A 4-70

A 4-71 $a = \sqrt{a_{cor}^2 + a_n^2} = 64 \text{ m/s}^2$

A 4-72 $\vec{a} = \vec{a_f} + \vec{a_{rel}} + \vec{a_c}$ Gl. 4-11

Führung = Drehung
relativ = Bewegung im Schlitz
a_{cor} siehe Abb. 4-28 Lehrbuch

Für alle Punkte:
$\vec{a_f} = \vec{a_{fn}} + \vec{a_{ft}}$ mit $a_{fn} = r \cdot \omega^2 = 4{,}0 \text{ m/s}^2$
$\qquad\qquad\qquad\qquad a_{ft} = r \cdot \alpha = 3{,}0 \text{ m/s}^2$

$a_{cor} = 2\omega \cdot v = 4{,}8 \text{ m/s}^2$ (Richtung s. o.)

Punkt A: $a_{rel} = 2{,}5 \text{ m/s}^2 \uparrow$

$a = 9{,}91 \text{ m/s}^2$
$10{,}4°$ zur Horizontalen

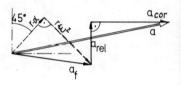

Abb. A 4-72/1

Punkt B: $\vec{a_{rel}} = \vec{a_{rel\,t}} + \vec{a_{rel\,n}}$
$a_{rel\,t} = 2{,}5 \text{ m/s}^2 \searrow$ $a_{rel\,n} = \dfrac{v^2}{r_o} = 2{,}66 \text{ m/s}^2 \nearrow$

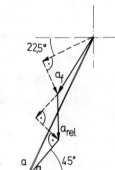

$a = 12{,}86 \text{ m/s}^2 \nearrow$
$28{,}1°$ zur Vertikalen

Abb. A 4-72/2

Punkt D   Methode 1
$\vec{a_{rel}} = \vec{a_{rel\,t}} + \vec{a_{rel\,n}}$ $a_{rel\,t} = 2{,}5 \text{ m/s}^2 \nearrow$
$\qquad\qquad\qquad\qquad\qquad a_{rel\,n} = \dfrac{v^2}{r} = 1{,}44 \text{ m/s}^2 \nwarrow$

$a = 11{,}62 \text{ m/s}^2$ ↖
$16{,}8°$ zur Horizontalen

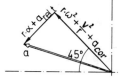

Abb. A 4 - 72/3

Methode 2
Zusammensetzung von zwei Drehbewegungen
Normalbeschl.: $a_n = r(\omega + \overline{\omega})^2$ mit $\overline{\omega} = \dfrac{v}{r}$

$\qquad = r\omega^2 + 2r\omega\overline{\omega} + r\overline{\omega}^2$

$a_n = r\omega^2 + 2v\cdot\omega + \dfrac{v^2}{r}$

siehe Methode 1
Tangentialbeschl.: $a_t = r\cdot\alpha + a_{rel\,t}$

A 4-73 $v_D = 108$ m/s nach links oben unter $33{,}7°$ zur Horizontalen.

A 4-74 $\omega_{res} = 0$ Schiebung. Zusammensetzung der Geschwindigkeiten aus den Einzelanteilen oder $v_B = v_D = v_E$.

$v_E = v_D = 3{,}0$ m/s ↑

Abb. A 4 - 74

Bewegung von BD siehe Lehrbuch Abb. 4-3 b

A 4-75 $v_D = 70{,}5$ m/s ↑ $v_E = 79{,}5$ m/s ↓

Kapitel 5/6

A 6-1 $t = 34,0$ s $s \approx 570$ m $F_{max} \approx 392$ kN

A 6-2 $s_A = 4,9$ m $s_B = 2,45$ m
         $v_A = 4,9$ m/s↓ $v_B = 2,45$ m/s↑
         $a_A = \frac{1}{4} g$ $a_B = \frac{1}{8} g$
         $S_A = 110,4$ N $S_B = 220,7$ N $F_D = S_A + S_B$

A 6-3   nach 3 s: $v_A = 4,9$ m/s $v_B = 9,8$ m/s
                    $a_A = \frac{1}{6} g$ $a_B = \frac{1}{3} g$

         nach $S_A = 1$ m $v_A = 1,81$ m/s $v_B = 3,62$ m/s
         $S_A = 65,4$ N $S_B = 32,7$ N

A 6-4 $t = 2,24$ s $S_A = 1,61$ kN $S_B = 3,21$ kN

A 6-5 $v_A = 1,55$ m/s $v_B = 3,11$ m/s
         $a_A = 4,66$ m/s^2 $a_B = 9,32$ m/s^2
         $S = 8,7$ N

A 6-6 $t = 1,08$ s $S = 1,78$ kN

A 6-7 $m_B = 14,3$ kg

A 6-8 $v = \mu \cdot g \cdot t$; $a = \mu \cdot g$

A 6-9 $m \cdot dv = F \cdot dt = k \cdot v^2 dt$
Trennung der Variablen und Integration

$$m\left(\frac{1}{v_2} - \frac{1}{v_1}\right) = k \cdot t \qquad k = \frac{m}{t}\left(\frac{1}{v_2} - \frac{1}{v_1}\right)$$

$F \approx 4{,}8 \cdot 10^{-4} \, v^2$

F	v
kN	m/s

bei 150 km/h $F \approx 0{,}83$ kN

A 6-10 $(m \cdot v)_{links} = (m \cdot v)_{rechts}$

$\frac{v}{2} + u = v - u \qquad u =$ Seilgeschwindigkeit

$v_{abs} = 1{,}5$ m/s   für beide Affen

$\omega = 2 \, s^{-1} \qquad \Delta t = 0$

A 6-11 $v_S = 5{,}4$ m/s absolut $v_S = 5{,}5$ m/s relativ zum Boot

A 6-12 $m_B = 2400$ kg

A 6-13 $v_S = 0{,}011$ m/s

A 6-14   Abb. A 6-14/1   a)

$(m_B + m_M)v_0 = m_B v_B - \underbrace{m_M(v - v_B)}_{\text{Relativgeschw. } v}$

$v_B = v_0 + \dfrac{m_M}{m_M + m_B} \cdot v = 0{,}90$ m/s

Abb. A 6-14/2   b)

$\underbrace{m_B \bar{v}_B = m_M(v - \bar{v}_B)}_{\text{Relativgeschw. } v}$

$\bar{v}_B = \dfrac{m_M}{m_M + m_B} \cdot v$ im bewegten System

$v_B = v_0 + \bar{v}_B$ absolut

A 6-15 a) $2m\,v_W = 3m(v - v_W)$ $v_W = \dfrac{3}{5}v$

b) siehe A 6-14

$v_W = \dfrac{47}{60}v$

A 6-16

Abb. A 6-16/1   a)

$m_M v_1 - m_B v_0 = m_M \underbrace{(v_1 - v_2)}_{\text{Relativgeschw. } v_1} - m_B v_2$

$v_2 = \dfrac{m_B}{m_B + m_M} \cdot v_0$

b)

Abb. A 6-16/2

$m_M(v_1 - v_2) - m_B v_2 = m_M(v_4 - v_3) - m_B v_3$

$v_3 = \dfrac{m_B v_0 + m_M(v_4 - v_1)}{m_M + m_B}$

Der Leser überlegt sich die Richtigkeit der Ergebnisse an den Grenzfällen $v_0 = 0$; $\Delta v = v_4 - v_1 = 0$.

A 6-17 siehe A 6-16

$v_2 = v_0$ $v_3 = v_0 + \dfrac{m_M}{m_M + m_B}(v_4 - v_1)$

A 6-18 $\int F \cdot dt = 0 \rightarrow \boxed{//} = \boxed{\backslash\backslash}$
Vorgangsdauer 4,5 s
Fläche $\triangleq$ Geschwindigkeit

$v_{max} = 5,9 \cdot 10^{-2}$ m/s
Fläche $\triangleq$ Weg
s = 13,3 cm

Abb. A 6 - 18

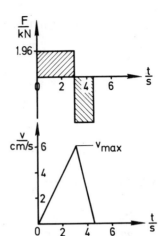

Schiff ist nach 4,5 s wieder in Ruhe, da sich bei dem Vorgang der Gesamtschwerpunkt nicht verlagert hat.

A 6-19 $F_{max} \approx 830$ kN

A 6-20
a) $\int F \cdot dt = m \cdot \sqrt{2gh}$
b) $\int F \cdot dt = 2m \cdot \sqrt{2gh}$
c) $\int F \cdot dt = (1+k) m \cdot \sqrt{2gh}$

A 6-21 $v \approx 195$ km/h !

A 6-22
a) $v = \frac{1}{8} v_0$ b) $v = v_0$
c) $v = \frac{v_0}{8} (1+k)^3$

A 6-23 $v_{A2} = 0$ $m_A = 10^4$ kg $s = 0,255$ m

A 6-24   Geschwindigkeit nach Stoß
$$v_2 = \frac{m_A}{m_A + m_B} \cdot \sqrt{2gh}$$
Impulssatz
$m_{ges} \cdot v_2 + m_{ges} \cdot g \cdot t - F_W \cdot t = 0$
t aus Gl. 2-9
$F_W \approx 88$ kN

A 6-25 $k = \dfrac{\tan \delta_1}{\tan \delta_2}$

A 6-26 $\varepsilon = 60°$

A 6-27 $\varepsilon = 90° - \delta_0$ Ein- und Austrittsbahn sind parallel. ε unabhängig von k.

A 6-28 $v = 8{,}63$ m/s unter $80°$ zur Horizontalen nach rechts oben.

A 6-29 $v = 4{,}47$ m/s nach links oben unter $18{,}4°$ zur Vertikalen.

A 6-30   Zerlegung der Geschwindigkeiten in Normalrichtung (Stoßlinie) und Tangentialrichtung zur Scheibe.
$v \approx 56{,}8$ m/s unter $27{,}4°$ zur Horizontalen

A 6-31 $c = 2{,}70$ m/s $F_{Str} = 1{,}99$ kN

A 6-32 $F = \varrho \cdot A \, (v - u)^2$
Strahlschnitt mit u mitbewegen.

A 6-33 $F_{Sch} = 2\varrho \cdot A \, (v_1 - u)^2$
Verdoppelung durch Umlenkung um $180°$
Für u_{opt} $F_{Sch} = \dfrac{1}{2} \varrho \cdot A \cdot v_1^2$

$$P_{Sch} = \frac{1}{4}\varrho \cdot A \cdot v_1^3 = \frac{\dot{m}}{4}v_1^2$$

Schaufelzahl im Strahl $\quad z = \dfrac{P_{max}}{P_{Sch}} = 2$

A 6-34 Seite 123
$\quad\quad\quad$ S = 40,8 kN $\quad$ P = 11,9 MW

A 6-35 $\quad$ F = 1,85 kN $\quad$ F = 0,75 kN
$\quad\quad\quad$ senkrecht $\quad\quad$ parallel zum Band

A 6-36 $\quad$ F = $\dot{m} \cdot \Delta v$ = 2,19 kN

A 6-37 $\quad$ Impulskraft des auftreffenden Gliedes Δm

$F \cdot \Delta t = \Delta m \cdot v \quad\quad \Delta l = v \cdot \Delta t$

$F = \dfrac{\Delta m}{\Delta l} \cdot v^2 = \dfrac{q}{g}v^2 ; \quad v^2 = 2gh$

dieses Glied fällt aus
h = l−y Höhe

Gewichtskraft des aufliegenden Teiles
q·g(l − y) $\quad\quad\quad\quad\quad\quad\quad$ Abb. A 6-37

$F_{ges} = 3q(l - y) \quad\quad F_{max} = 3G$!

Der Leser beweise unabhängig davon, daß z. B. bei 100 Gliedern das letzte Glied beim Auftreffen eine Kraft erzeugt, die dem doppelten Kettengewicht entspricht.

A 6-38 $\quad$ M = 5,64 kNm

A 6-39 $\quad J_{\bar{x}} = 7{,}91 \text{ kgm}^2 \quad\quad J_{\bar{y}} = 2{,}69 \text{ kgm}^2$
$\quad\quad\quad J_{\bar{z}} = 10{,}61 \text{ kgm}^2 \quad J_x = 31{,}65 \text{ kgm}^2$
$\quad\quad\quad J_y = 10{,}77 \text{ kgm}^2 \quad J_z = 42{,}42 \text{ kgm}^2$
$\quad\quad\quad\quad\quad\quad$ m = 65,94 kg

A 6-40 $\quad$ J = 110,1 kgm^2
$\quad\quad\quad$ i = 0,414 m $\quad$ (sehr genau mittlerer Radius des Außenringes!)

A 6-41 $J_A = 22{,}8 \text{ kgm}^2$ $J_S = 2{,}79 \text{ kgm}^2$
        $i_A = 0{,}872 \text{ m}$ $i_S = 0{,}305 \text{ m}$

A 6-42 $R = 8{,}92 \cdot r$

A 6-43 a) $J = 2{,}55 \text{ kgm}^2$ b) $J = 0{,}121 \text{ kgm}^2$

A 6-44 $J_y = J_z = \dfrac{3}{5} m \left[H^2 + \left(\dfrac{R}{2}\right)^2 \right]$

$i_y = i_z = \sqrt{\dfrac{3}{5} \left[H^2 + \left(\dfrac{R}{2}\right)^2 \right]}$

A 6-45 $J = 0{,}50 \text{ kgm}^2$

A 6-46 $J_{xy} = 1{,}30 \cdot 10^{-3} \text{ kgm}^2$

A 6-47 siehe Abb. 7-45 (Lehrbuch)
        Für kleine Winkel $J_{xy} = m \cdot \dfrac{r^2}{4} \cdot \delta$ (δ Bogen)
        $J_{xy} = 5{,}45 \cdot 10^{-4} \text{ kgm}^2$

A 6-48 $J_{xy} = -0{,}153 \text{ kgm}^2$

A 6-49 $m = 0{,}729 \text{ kg}$

A 6-50 $t = 24 \text{ s}$

A 6-51 Nach 4 s konstante Drehzahl
        $\omega_A = 75 \text{ s}^{-1}$ $\omega_B = 37{,}5 \text{ s}^{-1}$

A 6-52 $a = 5{,}19 \text{ m/s}^2$ $\alpha = 34{,}6 \text{ s}^{-2}$
        $v = 10{,}39 \text{ m/s}$ $s = 10{,}39 \text{ m}$

Lösungen A 6-53 bis A 6-62

A 6-53 Reibungskraft erhöht Bremsmoment $M = 225$ Nm
$J = 27,45$ kgm²

A 6-54 $J = 64,1$ kgm²

A 6-55 $J = 0,48$ kgm²

A 6-56 $\omega = \dfrac{M}{2J} t \qquad \alpha = \dfrac{M}{2J}$

links $S = \dfrac{1}{2}\left(F + \dfrac{M}{r}\right)$ \qquad rechts $S = \dfrac{1}{2}\left(F - \dfrac{M}{r}\right)$

A 6-57 siehe Seite 144
$t \approx 0,3$ s \qquad $v = 0,6$ m/s

A 6-58 entspricht A 6-52
$\dfrac{1}{2} m_B \cdot g \cdot t \cdot r = m_B \cdot v \cdot r + 2J \cdot \omega$

$a \cdot t = r \cdot \omega \qquad 1 = \dfrac{a}{2} t^2$

$t = 1,106$ s \qquad $\omega = 72,3$ s^{-1}

A 6-59 Gl. 6-22 mit $J = 2mr^2 = 2m \cdot v^2 \cdot t^2$
$M = 4m \cdot v^2 \cdot \omega \cdot t \qquad M = 4m \cdot v \cdot \omega \cdot r$

A 6-60 $\omega = \dfrac{J_A \omega_A + J_B \omega_B}{J_A + J_B}$

A 6-61 $\omega = 0,95$ s^{-1}

A 6-62 wie A 6-61

A 6-63 $J \cdot \omega = m r^2 \omega = \text{konst}$ $v_\varphi = \dfrac{r_0}{r} v_{\varphi 0}$
vergl. A 3-16 und A 6-64

A 6-64 siehe A 6-63
Geschwindigkeit nimmt zum Zentrum hin sehr stark zu. Dieses Gesetz stimmt nicht im Zentrum, da $v_\varphi \rightarrow \infty$ nicht möglich.

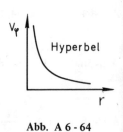

Abb. A 6-64

A 6-65 $\omega \approx 4{,}2 \cdot 10^{-3} \, \text{s}^{-1}$ $T \approx 25 \, \text{min}$

A 6-66 $J \cdot \omega + m \left(\dfrac{v}{2} + u \right) \cdot r - m (v - u) \cdot r = 0$ $u = r \cdot \omega$

$\omega = 1{,}11 \, \text{s}^{-1}$ $v_1 = 1{,}28 \, \text{m/s}$ $v_2 = 1{,}72 \, \text{m/s}$
$\Delta t = 1{,}6 \, \text{s}$

A 6-67 $\dfrac{1}{2} F_{max} \cdot t - F_t \cdot t = m \cdot v$

$\dfrac{1}{2} F_{max} \cdot t \cdot 2r = J \cdot \omega + m \cdot v \cdot r$

$v = 2{,}5 \, \text{m/s}$ $F_t = 0$ Rollt ohne zu gleiten auch auf ideal glatter Fläche.

A 6-68 $v = \dfrac{2}{3} g \cdot t$ $v = \sqrt{\dfrac{4}{3} g H}$

$S = \dfrac{1}{3} G$

A 6-69 $S = G$ $v = 2 g t$ $a = 2 g \, !$

A 6-70 $t = \dfrac{r \cdot \omega_0}{2 g \mu} \approx 1 \, \text{s}$ $v \approx 2 \, \text{m/s}$

A 6-71 analog zu Seite 157 Abb. 6-63 mit $v = u - r \cdot \omega$

$$v = \frac{2}{7} u \qquad t = \frac{2u}{7g \cdot \mu}$$

A 6-72 $F \cdot \Delta t = m \cdot v_s \qquad F \cdot \Delta t \frac{l}{4} = J_s \cdot \omega$

$v_A = 0{,}050 \text{ m/s} \qquad v_B = 0{,}25 \text{ m/s}$
unabhängig von l

A 6-73 ergibt 2 Gleichungen (Schiebung und Drehung)

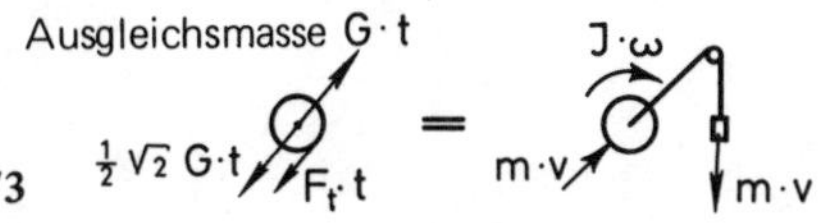

Abb. A 6-73

$v = 3{,}45 \text{ m/s} \qquad a = 1{,}15 \text{ m/s}^2 \qquad F_t = 57{,}5 \text{ N}$
$S = 866 \text{ N}$

A 6-74

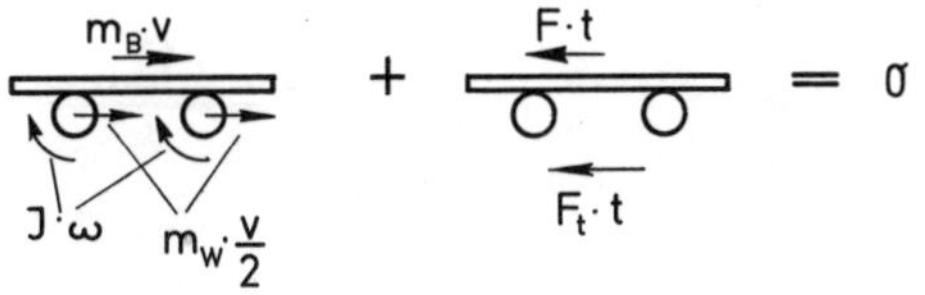

Abb. A 6-74

$t = 1{,}13 \text{ s} \qquad F_t = 6{,}7 \text{ N}$

A 6-75

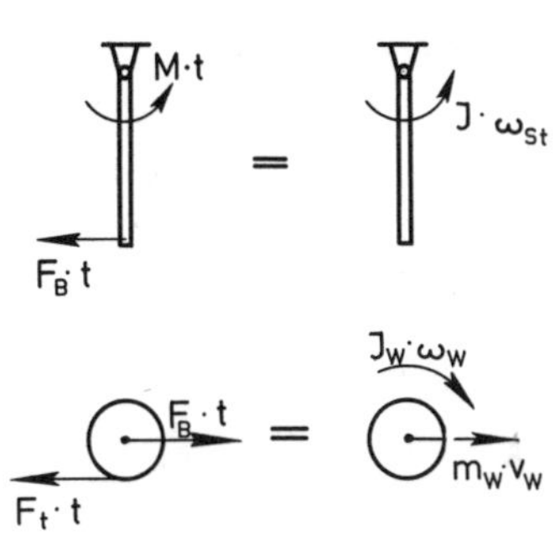

Abb. A 6-75

$\omega_{st} = 16{,}0 \text{ s}^{-1} \qquad v_w = 8{,}0 \text{ m/s}$
$F_B = 12{,}0 \text{ N} \qquad F_t = 4{,}0 \text{ N}$

A 6-76 $\omega_2 = 3{,}46\ s^{-1}$ unabhängig von r

A 6-77 $r = \dfrac{2}{3} l$

A 6-78 nach Gl. 6-30 $r = 0{,}93\ m$
oder aus

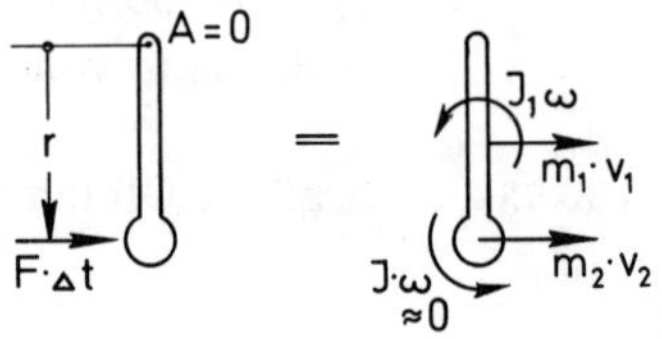

Abb. A 6 - 78

A 6-79 $v = \omega_B \cdot l \left(\dfrac{1}{3} + \dfrac{m_B}{4 m_A}\right) \approx \omega_B \cdot l \dfrac{m_B}{4 m_A}$

A 6-80

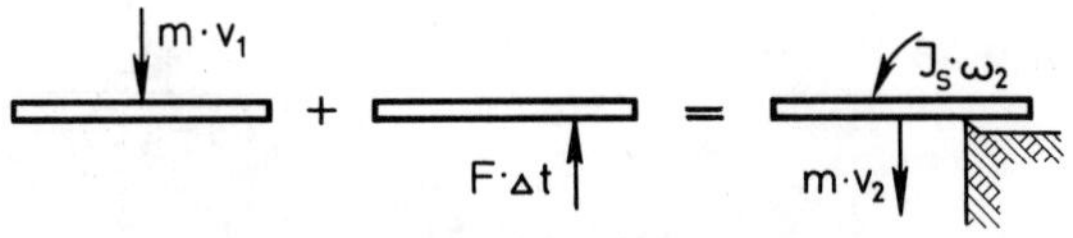

Abb. A 6 - 80

$v_2 = \dfrac{3}{7} v_1$ $\qquad \omega_2 = \dfrac{12}{7} \dfrac{v_1}{l}$

A 6-81

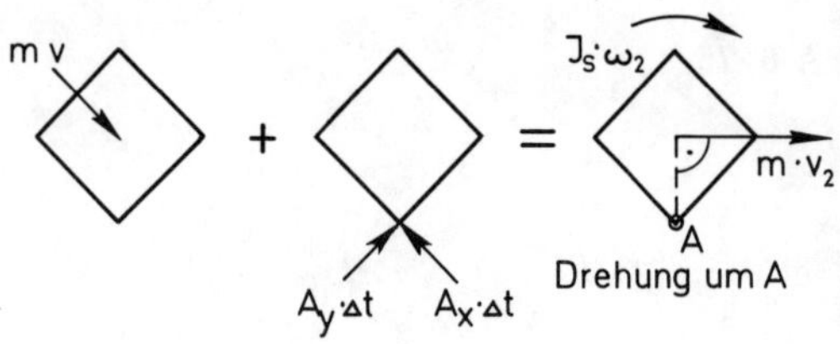

Abb. A 6 - 81

Drehung um A

Momente um A

$\omega_2 = \dfrac{3 v}{4 l}$

A 6-82 $v_2 = -kv_1 = 1{,}0$ m/s $\longrightarrow$

Im Lehrbuchbeispiel erhält man $v_3 = v_2$
für $v_2 = -r \cdot \omega_2$ und Gleitzeit $\Delta t \to 0$ für $\mu \to \infty$

$F_{Wand} \approx 1{,}5$ kN $F_t \approx 0{,}5$ kN
Walze würde herausspringen

A 6-83 $y = 7$ cm

A 6-84 $F = 37{,}7$ N

A 6-85 $M = 2{,}41$ kNm

A 6-86 $M = 250$ Nm

Kapitel 7

A 7-1 a) $S = 1{,}31$ kN $a = \frac{1}{3} g$ $v = 2{,}56$ m/s

   b) $S = 0{,}98$ kN $a = \frac{1}{2} g$ $v = 3{,}13$ m/s

   c) $S = 2{,}35$ kN $a = \frac{1}{5} g$ $v = 1{,}98$ m/s

   Für alle Anordnungen $F_A = 2S$
   Beschleunigende Kraft für alle Fälle gleich groß

A 7-2 $F = 640$ N

A 7-3 $m = 3{,}33$ kg

A 7-4 $S_1 = 816$ N $S_2 = 566$ N $S_3 = S_4 = 200$ N
   $a = 2{,}55$ m/s^2

A 7-5 Kräftegleichgewicht $m \cdot g - m a - F_W = 0$
   $m \cdot g - m a - \text{konst} \cdot v^2 = 0$ $a = g(1 - kv^2)$

A 7-6-13 siehe A 6-1 bis 8

A 7-14 $\omega_{min} = 2{,}55$ s^{-1} $\omega_{max} = 7{,}68$ s^{-1}

A 7-15 $\delta \approx 40°$ $F \approx 19$ N

A 7-16 $S_1 = 1{,}39$ kN $a_t = \frac{1}{2} \sqrt{2}\, g$

A 7-17 v in B aus Energiesatz oder $v \cdot dv = a \, ds$ mit $a = g \sin \varphi$
$ds = r \cdot d\varphi$
Auflagerkraft = 0 $\cos \varphi_0 = \dfrac{2}{3}$

A 7-18 $Z = m \cdot r \, (\omega_S \pm \omega_m)^2$
a) $Z = 320 \text{ N}$ b) $Z = 20 \text{ N}$

A 7-19 $h \approx 4\,700 \text{ km}$

A 7-20 $m \dfrac{v^2}{r} = mg$ $g = g_0 \cdot \left(\dfrac{r_0}{r}\right)^2$

$v = \dfrac{2 \pi r}{T}$ $g_0 = 9{,}81 \text{ m/s}^2$

$r = r_0 + h$ $r_0 = 6370 \text{ km}$

$T = 2\pi \left(1 + \dfrac{h}{r_0}\right) \sqrt{\dfrac{r_0 + h}{g_0}}$

A 7-21 $h \approx 35\,800 \text{ km}$

A 7-22 $a = 2\,540 \text{ km}$ $b = 2\,440 \text{ km}$ $e = 700 \text{ km}$ $\varrho = 2\,340 \text{ km}$
$r \cdot v_\varphi = k$ Gleichgewicht im Scheitelpunkt:
$v = v_\varphi = \sqrt{\varrho \cdot g_M}$ mit $g_M = 1{,}4 \text{ m/s}^2$
$k = 3{,}34 \cdot 10^9 \, \dfrac{\text{m}^2}{\text{s}}$ $T = \dfrac{2\pi \, a\, b}{k} = 3{,}24 \text{ h}$
$a_r = -\dfrac{k^2 \, a}{b^2 \, r^2} = -4{,}75 \, \dfrac{1}{\left(\dfrac{r}{10^6}\right)^2}$ $\dfrac{a_r}{\text{m/s}^2} \Big| \dfrac{r}{\text{m}}$

A 7-23 $M = \int r \cdot dF_{Cor} = \dot{V} \cdot \varrho \cdot \omega \cdot l^2 = 100 \text{ Nm}$

A 7-24 F_{cor} = 200 N   in Richtung ω

A 7-25   s. A 3-14 a_φ = 12,8 m/s²
          F_φ = m·a_φ = 256 N   entgegen ω

A 7-26   Seite 176/177 Abb. 7-8 (Lehrbuch)
          Δ h ≈ 3,9 mm im Osten höher.

A 7-27   a) F = 39 N   b) F = 0

A 7-28   a) s ≈ 25 m   b) s ≈ 46 m

A 7-29   a < 0,3 g

A 7-30   b = μ·h = 0,20 m

A 7-31   a = 5,19 m/s² F_A = 150 N → F_B = 150 N ←

A 7-32   a = 2,19 m/s² F_{Ax} = 150 N → F_{Ay} = 30 N↓
                           F_{Bx} = 150 N ← F_{By} = 30 N↓

A 7-33   F = 588,6 N   a = 2,94 m/s²

A 7-34

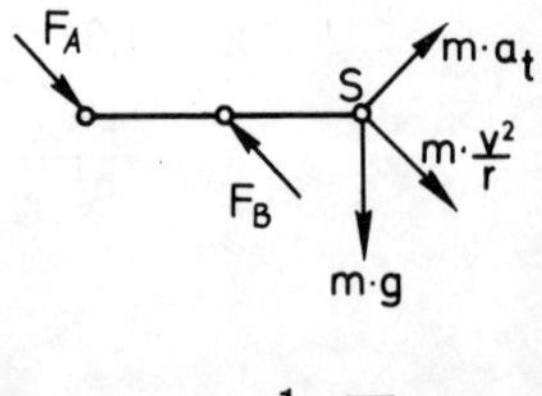

Abb. A 7-34

$$F_A = m\left(\frac{v^2}{r} + \frac{1}{2}\sqrt{2}\cdot g\right) \qquad F_B = 2 F_A \qquad a_t = \frac{1}{2}\sqrt{2}\cdot g$$

Lösungen A 7-35 bis A 7-47   161

A 7-35 $F_{Ax} = 0,98$ kN ← $F_{Bx} = 1,96$ kN →
        $F_{Ay} = 0,49$ kN ↓ $F_{By} = 2,45$ kN ↑
        $F_{Dx} = 1,47$ kN → in A D
        $F_{Dy} = 1,47$ kN ↑ in A D

A 7-36 $F_{Ax} = 0,94$ kN → $F_{Bx} = 0,25$ kN →
        $F_{Ay} = 1,29$ kN ↑ $F_{By} = 1,08$ kN ↑
        $F_{Dx} = 0,25$ kN → an D B
        $F_{Dy} = 0,10$ kN ↓ an D B

A 7-37 horizontal S = 41 N   vertikal S = 176 N

A 7-38 $\alpha_I = 24,0$ s^{-2} $\alpha_{II} = 6,0$ s^{-2} $\alpha_{III} = 3,0$ s^{-2}
        I/II $F_u = 900$ N   II/III $F_u = 300$ N

A 7-39 Die beiden Gleichgewichtsbedingungen mit Reibungsmoment
        aufstellen und voneinander subtrahieren.

        $$J = \frac{-m_B(g - a_B) + m_A(g - a_A)}{a_A - a_B} r^2$$

A 7-40 Freimachen mit $F_A = 0$
        M = 123 Nm   unabhängig von J

A 7-41 z ≈ 39   t = 4,9 s

A 7-42-46 Siehe A 6-52 bis 56.

A 7-47 Balken: $F = m \cdot a \rightarrow m_B \cdot g \cdot \mu = m_B \cdot a$ (1)
        eine Walze: $M = J \cdot \alpha$ $\frac{1}{2} m_B \cdot g \cdot \mu \cdot r = m_W \frac{r^2}{2} \cdot \alpha$ (2)
        Mit Gl. 2-6 aus (1) $v_B = g \cdot \mu \cdot t$
        Mit Gl. 4-4 aus (2) $\omega_W = -\frac{m_B}{m_W} \cdot \frac{g \cdot \mu}{r} t + \omega_0$
        Nach Ablauf der Gleitperiode gilt $v_B = r \cdot \omega_W$,
        daraus t ≈ 0,3 s

A 7-48 $\quad \frac{1}{2} m_B \cdot g \cdot r = m_B \cdot a \cdot r + 2 J_W \alpha$

$a = \dfrac{g}{2 \left(1 + \dfrac{m_W}{m_B}\right)}$ weiter s. A 6-58

A 7-49 s. A 4-13

$M \approx 1{,}25 \left(\dfrac{n}{100}\right)^2$ $\quad \dfrac{M \quad | \quad n}{Nm \quad | \quad min^{-1}}$

Ein Bremsmoment nach einem solchen Gesetz wird z. B. durch umgebende Luft oder Flüssigkeit verursacht (Ventilationsverlust)

A 7-50 S 5,0 cm von Drehachse
$F = 50\,N$ für beide Lager

A 7-51 $e \approx 0{,}03\,mm$

A 7-52 siehe Band 2/ Seite 299

$\sigma = \dfrac{(l^2 - x^2) \cdot \omega^2 \cdot \rho}{2}$

A 7-53 $F_{Ay} = m \cdot g \quad F_{Ax} = 0$ (Stoßmittelpunkt)

$\alpha = \dfrac{2F}{l \cdot m}$

A 7-54 $\alpha = 5{,}27\,s^{-2}$ (aus $\sum M_A = 0$)

$F_{Ax} = 308\,N$

$F_{Ay} = 569\,N$

Abb. A 7-54

A 7-55 $\alpha = 9{,}15\ \text{s}^{-2}$ (aus $\Sigma M_A = 0$)

$A_x = 211\ \text{N}$

$A_y = 285\ \text{N}$

Abb. A 7-55

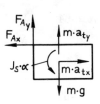

A 7-56-59 siehe A 6-68/69/73/75
in A 7-58/59 entspr. A 6-73/75 F_t am Abrollpunkt einführen.

A 7-60 $a = 3{,}19\ \text{m/s}^2$ $\alpha = 1{,}2\ \text{s}^{-2}$

A 7-61 $F_{max} = F_A = 252\ \text{N}$

$a_{max} = 1{,}51\ \text{m/s}^2$

Abb. A 7-61

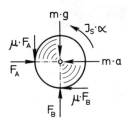

A 7-62 Kippen: linkes Rad entlastet, Momente für S:

$\mu \geq \dfrac{b}{2s}$ 1. Bedingung

Für kleinere Werte μ, Kippen nicht möglich

$v^2 \geq \dfrac{\sin\delta + \mu\cdot\cos\delta}{\cos\delta - \mu\cdot\sin\delta}\, g\cdot r$ 2. Bedingung

Gleiten: Ansatz der Momentengleichung nicht möglich, da beide Räder belastet und Lage der resultierenden Radkraft unbekannt.

$\mu < \dfrac{\dfrac{v^2}{r}\cos\delta - g\sin\delta}{g\cos\delta + \dfrac{v^2}{r}\sin\delta}$ (entspricht der 2. Bedingung)

A 7-63 $M = J_{xy}\cdot\omega^2 \approx 20\ \text{Nm}$

in der Ebene der Radachse, mit ω umlaufend

A 7-64   Umlaufendes Moment, das von Lagern aufgenommen wird
$M = J_{xy} \cdot \omega^2 = 545 \text{ Nm}$

A 7-65   Seite 135/136 usw. (Lehrbuch)
$M = J_{\xi\eta} \cdot \omega^2 = 69{,}8 \text{ Nm}$

A 7-66 $\cos \delta = \dfrac{3g}{2l\omega^2}$ $\omega_{min} = \sqrt{\dfrac{3g}{2l}}$

Kapitel 8

A 8-1-8 Siehe A 6-1 bis 8

A 8-9-11 z. B. A 4-7

Leistung an Last = Leistung am Zugseil

$v_A \cdot G = v \cdot F$

$\dfrac{\omega}{2}(R - r) = \omega \cdot R \cdot F$

$F = \left(1 - \dfrac{r}{R}\right)\dfrac{G}{2}$ ← $\Sigma M = 0$

$\dfrac{G}{2}(R - r) - FR = 0$

Abb. A 8-9-11

A 8-12 $P = 1{,}47$ kW

A 8-13 $v \approx 2$ m/s

A 8-14 mit d'Alembert Kraft F im Windenseil bestimmen:

$P = F \cdot 2v$ (Seil läuft mit 2 v)

$a \approx 5{,}1$ m/s²

A 8-15 $\mu = 0{,}45$ $P = 2{,}77$ kW

A 8-16 $s = \dfrac{v^2}{2g\left(\dfrac{F}{m \cdot g} - \sin\delta\right)}$

A 8-17 $v^2 = g \cdot s \left(\dfrac{F}{m \cdot g} - 2 \sin \delta \right)$

A 8-18 $\Delta y = \dfrac{v_x^2}{2g}$ $\Delta y = h \cdot \cos^2 \delta$

A 8-19   gefährdeter Punkt B : $r = 2{,}31$ m

A 8-20   Änderung der pot. Energie beim Blockieren und Vorspannung der Feder beachten (S. 249). $c = 65{,}2$ N/mm

A 8-21 $v = 1{,}37$ m/s

A 8-22 $v = 2{,}41$ m/s

A 8-23   Schwingungsvorgang, vergl. Kap. 9
a) $a_0 = 5{,}0$ m/s² $a_2 = 2{,}5$ m/s² $a_4 = 0$
b) $W = 1{,}20$ Nm   c) $v = 0{,}477$ m/s

A 8-24   1. $\dfrac{1}{2} F_{max} \cdot s = \dfrac{1}{2} m v^2$ $F_{max} \approx 868$ kN
2. $\dfrac{1}{2} F_{max} \cdot \Delta t = m \cdot v$ $\Delta t \approx 0{,}1$ s

A 8-25

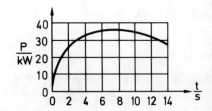

Abb. A 8 - 25

A 8-26 $a \approx 0{,}83 \, m/s^2$

A 8-27 $\Delta E_{kin} = \frac{1}{2} J_1 \cdot \omega_1^2 \cdot \left(1 - \frac{J_1}{J_2}\right)$

Ein Teil der in 1 vorhandenen kinetischen Energie wird zur Verschiebung der Massen genutzt.

A 8-28   a) $M = 0$ $D = $ konst
           $v_2 = 2v_1$ $\omega_2 = 4\omega_1$ $E_2 = 4E_1$
           b) $M \neq 0$ $E = $ konst
           $v_2 = v_1$ $\omega_2 = 2\omega_1$ $D_2 = 0{,}5 D_1$

A 8-29 $\eta = \dfrac{S \cdot u}{S \cdot u + \dfrac{\dot{m}}{2}(v-u)^2}$ mit $S = \dot{m}(v-u)$

$\eta = 1$ für $v = u$, dabei jedoch $S = 0$. η um so höher, je kleiner $v - u$ ist.

A 8-30   in Gl. 8-19 alle Glieder $= 0$, bis auf

$\Delta p_P = \dfrac{\rho}{2} v_2^2$

Leistung $P = \dot{V} \cdot \Delta p_P = 1885 \, kW$

A 8-31 $c_3^2/2g = H$ $c_2^2/2g + h = H$
           $c_2 A_2 = c_3 A_3$
           $h = H \left[1 - \left(\dfrac{d_3}{d_2}\right)^4\right]$

A 8-32 $c = \sqrt{2g\left(\dfrac{p}{\rho \cdot g} + H\right)}$

A 8-33 $z = 84$

A 8-34 $z = 97$ $t = 12{,}2$ s

A 8-35-38   s. A 6-52/54/55/58

A 8-39   vor Stoß $\omega_1 = \sqrt{\dfrac{3g}{l}}$ nach Stoß $\omega_2 = k \cdot \omega_1$

$$h_2 = \frac{1}{2} k^2 = 0{,}294 \text{ m}$$

$$\Delta E = m \cdot g \, \frac{1}{2} (1 - k^2) = 30 \text{ Nm}$$

A 8-40 $c = 180$ N/mm $F = 9{,}0$ kN

A 8-41 $\Delta E = 20{,}9$ Nm

A 8-42 $\Delta E = \dfrac{J_A \cdot J_B}{2(J_A + J_B)} (\omega_A - \omega_B)^2$

A 8-43   s. A 6-68

A 8-44 $S \cdot s = \dfrac{1}{2} J \cdot \omega^2$ $s = \dfrac{a}{2} t^2$ $v = a \cdot t$
s. A 6-69

A 8-45 $v = 2{,}14$ m/s $a = 1{,}15$ m/s^2 $S = 866$ N

A 8-46 $F \cdot s = \sum E_{kin}$ $s = 1{,}69$ m $t = 1{,}1$ s

A 8-47 $\Delta E = \dfrac{m}{2} v_1^2 - \dfrac{1}{2} J_A \cdot \omega_2^2$

$$\Delta E = \frac{2}{7} m \cdot v_1^2$$

A 8-48 Ansatz s. A 8-47

$$\Delta E = \frac{5}{16} m \cdot v_1^2$$

A 8-49 Drehung um momentanen Drehpol s. S. 230

$\omega = 4{,}91\ s^{-1}$ $\quad v_A = 4{,}91\ m/s \quad v_B = 9{,}82\ m/s$

A 8-50

Abb. A 8-50

$$m g \cdot r = \frac{5}{8} m g r + \frac{1}{2} J_B \omega^2 \qquad \omega = \sqrt{\frac{15\,g}{13\,r}}$$

$$v_S = \frac{5}{8} r \cdot \omega \qquad F = m g + m a_n \qquad a_n = r_S \cdot \omega^2$$
$$\phantom{v_S = \frac{5}{8} r \cdot \omega \qquad} F = 1{,}433\ m \cdot g$$

A 8-51 Für Pos. 2 v_A und v_B parallel: $\omega_{AB} = 0$

$$3\,m g \frac{l}{2} = \frac{1}{2} 2 m\,v_S^2 + \frac{1}{2} m \frac{l^2}{3} \omega^2; \quad v_S = v_B = l\,\omega_{DB}$$

$$\omega_{DB} = 3\sqrt{\frac{g}{7\,l}}$$

A 8-52 Aus Energiesatz $\qquad \omega^2 = \dfrac{2\,g\,x}{\dfrac{l^2}{12} + x^2}$

Daraus $\quad 2\omega \dfrac{d\omega}{dx} = \ldots\ldots$

Auf Hauptnenner bringen, Zähler = 0

$$x = \frac{l}{\sqrt{12}}$$

A 8-53 a) auch Scheibe dreht sich mit $\omega \qquad \omega = \sqrt{\dfrac{120\,g}{31\,l}}$

b) Scheibe ohne Drehung $\qquad \omega = \sqrt{\dfrac{30\,g}{7\,l}}$

Kapitel 9

A 9-1 $\omega_0 = 28,3 \text{ s}^{-1}$

A 9-2 $\omega_0 = 10,95 \text{ s}^{-1}$ $T = 0,57 \text{ s}$
ω unabhängig von Vorspannung, deshalb schiefe Ebene ohne Einfluß

A 9-3

$$\boxed{m_A}\text{-}\!\!\!\!\!\text{WWW}\qquad\text{WWW}\text{-}\!\boxed{m_B}$$
$$\quad\quad c_A \quad\quad\quad c_B$$

Abb. A 9-3

$$\omega_A = \omega_B \qquad c_A = c_B \frac{m_A}{m_B}$$

c = Ersatzfeder für c_A und c_B

$$\omega_0 = \sqrt{\frac{c(m_A + m_B)}{m_A \cdot m_B}}$$

A 9-4   Gl. 9-2/8/9

$$F_{max} = m \cdot A \cdot \omega_0^2 = m\, v_{max} \cdot \sqrt{\frac{c}{m}}$$

$$c = \frac{F_{max}^2}{v_{max}^2 \cdot m} \qquad\qquad F_{max} = \text{Überlast} = 0,5 \cdot G$$
$$\qquad\qquad\qquad\qquad v_{max} = v$$

$c = 65,2 \text{ N/mm}$

A 9-5 $m\ddot{x} + S_0 \sin\varphi = 0$
$x \approx l \cdot \varphi \qquad \ddot{x} = l\,\ddot{\varphi}$
$\sin\varphi \approx \varphi$

$$\ddot{\varphi} + \frac{S_0}{m \cdot l}\varphi = 0 \qquad \omega_0 = \sqrt{\frac{S_0}{m \cdot l}}$$

Abb. A 9-5

Lösungen A 9-6 bis A 9-12

A 9-6 Im oberen Totpunkt Feder entspannt
$e_{max} = 24{,}5$ mm

A 9-7 $\omega_0 = 20$ s^{-1} $\quad A = 1{,}0$ cm

A 9-8 $m_A = \dfrac{m_B}{\left(\dfrac{f_1}{f_2}\right)^2 - 1}$ $\qquad c = m_A \, (2\pi f_1)^2$

A 9-9

	Pendel	c-m-System
Beschleunigt	$\omega_0 = \sqrt{\dfrac{g+a}{l}}$	$\omega_0 = \sqrt{\dfrac{c}{m}}$
Verzögert	$\omega_0 = \sqrt{\dfrac{g-a}{l}}$	Vorspannung der Feder ohne Einfluß auf Eigenfrequenz

A 9-10 $v_{max} = 0{,}273$ m/s $\qquad a_{max} = 0{,}856$ m/s^2

A 9-11 $\sum F_x = 0 \quad ml\ddot{\varphi} + mg\cdot\sin\varphi + 2cl\,\varphi = 0$
in die Form Gl. 9-12 bringen

$\omega_0 = \sqrt{\dfrac{g}{l} + 2\,\dfrac{c}{m}}$

A 9-12

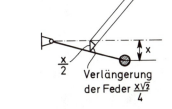

Verlängerung der Feder $\dfrac{x\sqrt{2}}{4}$

Abb. A 9-12

Federkraft $\dfrac{x}{4}\sqrt{2}\cdot c$ $\qquad F_y = \dfrac{x\cdot c}{4}$

Momentengleichung für A $\ddot{x} + \dfrac{c}{8m} \cdot x = 0$

$\omega_0 = 35{,}4\ \mathrm{s^{-1}}$ $v_{max} = 0{,}35\ \mathrm{m/s}$

$a_{max} = 12{,}5\ \mathrm{m/s^2}$

A 9-13 $\sum M_M = 0$ S. 222

$\ddot{\varphi} + \dfrac{12\,c\cdot b^2}{m\,l^2}\varphi = 0$

$\omega_0 = \sqrt{\dfrac{12}{5}\dfrac{c}{m}}$ Abb. A 9-13

A 9-14   a) Schwingung um stat. Ruhelage $A = \dfrac{G\cdot \sin\delta}{c} = 5{,}0\ \mathrm{cm}$

b) Momente für I

$J_I\,\ddot{\varphi} + c\cdot x\cdot r = 0$ $r\ddot{\varphi} = \ddot{x}$

$\omega_0 = \sqrt{\dfrac{2c}{3m}} = 8{,}16\ \mathrm{s^{-1}}$ Abb. A 9-14/1

c) Gl. 9-8/9 $v_{max} = 0{,}40\ \mathrm{m/s}$ $a_{max} = 3{,}26\ \mathrm{m/s^2}$

d) $\mu_{min} = 0{,}193$

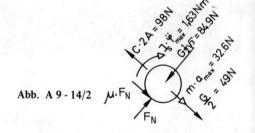

Abb. A 9-14/2

A 9-15   a) $\omega_0 = 81{,}5\ \mathrm{s^{-1}}$

b) $F_{Bx} = 0$
   $F_{By} = 552$ N

$C_1 \cdot \frac{A}{3} = 267N$ $m \cdot \ddot{\varphi}_{max} \cdot l_s = 886N$
F_{By} $J_s \cdot \ddot{\varphi}_{max} = 295N$ $C_2 \cdot A = 600N$

c) $F_{Bx} = 23{,}6$ N
   $F_{By} = 0$

Abb. A 9 - 15

F_{Bx} $m \cdot l_s \cdot \dot{\varphi}^2 = 23{,}6 N$

A 9-16 $J_B = J_A \left[\left(\dfrac{\omega_A}{\omega_B} \right)^2 - 1 \right]$

A 9-17 $J_S \ddot{\varphi}_1 + m g \cdot \varphi_2 \cdot r = 0$

$\omega_o^2 = \dfrac{m \cdot g \cdot r^2}{J_S \cdot l}$

$J_S = \dfrac{T^2 \cdot m \cdot g \cdot r^2}{4 \pi^2 \cdot l}$

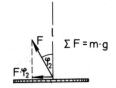
$\Sigma F = m \cdot g$

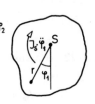
$r \cdot \varphi_1 = l \cdot \varphi_2$

Abb. A 9 - 17

A 9-18 $J_A = \dfrac{m_B r^2}{\left(\dfrac{f_1}{f_2} \right)^2 - 1}$

A 9-19   System freimachen
$J_S \ddot{\varphi} + m r^2 \ddot{\varphi} + m g \cdot \varphi \cdot r = 0$
$J_S = 86{,}85$ kgm²

A 9-20 a) Scheibe führt Schiebung aus $J \cdot \ddot{\varphi} = 0$

$$\omega = \sqrt{\frac{3cl + 12mg}{7ml}} = 11{,}3 \text{ s}^{-1} \qquad \begin{array}{l} m_B = m \\ m_A = 2m \\ l = 4r \end{array}$$

b) $J\ddot{\varphi} \neq 0$ für Scheibe

$$\omega = \sqrt{\frac{12cl + 48mg}{31ml}} = 10{,}8 \text{ s}^{-1}$$

A 9-21 Gl. 9-22 für B und D.
Einführung von

$J_D = J_S + m\, l_D^2$

$J_B = J_S + m\, l_B^2$

$l = l_B + l_D$
Man erhält

Abb. A 9-21

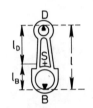

$$\omega_B^2 = \frac{g(l - l_D)}{i_S^2 + (l - l_D)^2} \qquad \omega_D^2 = \frac{g \cdot l_D}{i_S^2 + l_D^2}$$

Nach i_S auflösen und gleichsetzen $l_D = 140{,}6$ mm
oben einsetzen $i_S = 65$ mm
$J_S = 3{,}38 \cdot 10^{-3}$ kgm²

A 9-22 Aus DE $F_D = \dfrac{4 J_S \ddot{\varphi}}{l}$

Aus BD $J_B \ddot{\varphi} + F_D \cdot l + mg\varphi \dfrac{l}{2} = 0$

$$\omega_0 = \frac{1}{2}\sqrt{\frac{3g}{l}} = 2{,}71 \text{ s}^{-1}$$

Abb. A 9-22

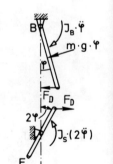

A 9-23 $\delta = 0{,}100 \text{ s}^{-1}$ $b = 2{,}00 \dfrac{\text{N}}{\text{m/s}} = 2{,}00$ kg/s

$\omega_0 = 9{,}083 \text{ s}^{-1}$ $\vartheta = 0{,}011$ $\Lambda = 0{,}069$

A 9-24 $\delta = \omega_0$ $b = 5{,}66 \dfrac{kN}{m/s}$ $F_D = 28{,}3\ kN$
$b = \text{konst}$ $c = 30{,}8\ N/mm$

A 9-25 $F_D = b \cdot v$ $b = 400 \dfrac{N}{m/s}$

Ansatz: $\dfrac{A_1}{A_{1/2}} = e^{\delta \frac{\pi}{\omega_d}}$

$A_{1/2} \approx 2{,}0\ cm$

A 9-26 $n_{kr} = 477\ min^{-1}$

Gl. 9-42 $A_{max} = 0{,}0625\ mm$ Gesamtanschlag 2 A!
Gl. 9-35 $A = 1{,}28 \cdot 10^{-3}\ mm$ für $n = 2900\ min^{-1}$

$A_{max}\,\omega_0^2 \ll g$ $A\,\omega_e^2 \ll g$

Trägheitskräfte ohne Bedeutung

A 9-27 Wenn Unwucht oben, Bewegung nach unten (Phasenverschiebung). Dabei Federn zusammengedrückt und Bewegung verzögert. Deshalb Trägheitskraft $m \cdot \ddot{y}$ nach unten.

$m \cdot \ddot{y}_{max} = c \cdot A + m_e \cdot e \cdot \omega_e^2$

Nach Einführung von Gl. 9-9 erhält man Gl. 9-38/40a.

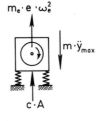

Abb. A 9-27

A 9-28 $n = 361\ min^{-1}$ $F = 17{,}1\ N$
$n = 390\ min^{-1}$ $F = 13{,}3\ N$

A 9-29 $n_{Kr} = 579 \text{ min}^{-1}$ $A_{max} \approx 5 \text{ mm}$
                                              (schnell durchfahren!)
          $n = 740 \text{ min}^{-1}$ $A \approx 0,26 \text{ mm}$

A 9-30   Gl. 9-38/40a für beide Fälle anwenden
          $\omega_o = 85 \text{ s}^{-1}$

A 9-31   a) $F = 2,47 \text{ kN}$ b) $F = 16,7 \text{ N}$
             $F = m_e \cdot e \cdot \omega_e^2$ $F = c \cdot A$